带帽 PTC 型刚性疏桩复合地基荷载传递机理及设计方法研究

雷金波　郑明新　著

北　京

冶 金 工 业 出 版 社

2017

内 容 提 要

带帽 PTC 型刚性疏桩复合地基理论研究远落后于工程实践，工作机理尚不十分清楚，也没有现成的设计理论和设计方法。本书紧密结合工程实践，通过现场足尺试验、理论分析和数值模拟，深入系统地研究了带帽 PTC 型刚性疏桩复合地基加固深厚软基的工作机理，研究了桩长、桩体中心间距、桩帽大小、垫层材料及厚度等因素的影响，分析了带帽 PTC 型刚性疏桩复合地基沉降计算方法，提出了带帽 PTC 型刚性疏桩复合地基初步设计和优化设计方法。本书不但对带帽 PTC 型刚性疏桩复合地基的设计和施工有指导意义，而且有助于带帽 PTC 型刚性疏桩复合地基进一步的推广和应用。

本书可供土木工程、岩土工程、道路工程等专业的工程技术人员及科研人员使用，亦可供高等学校相关专业的师生参考。

图书在版编目（CIP）数据

带帽 PTC 型刚性疏桩复合地基荷载传递机理及设计方法研究
/雷金波，郑明新著. —北京：冶金工业出版社，2017.8
ISBN 978-7-5024-7573-4

Ⅰ.①带… Ⅱ.①雷… ②郑… Ⅲ.①人工地基—荷载传递
—研究 Ⅳ.①TU472

中国版本图书馆 CIP 数据核字（2017）第 209187 号

出 版 人 谭学余
地　　址　北京市东城区嵩祝院北巷 39 号　邮编　100009　电话　（010）64027926
网　　址　www.cnmip.com.cn　电子信箱　yjcbs@cnmip.com.cn
责任编辑　杨　敏　美术编辑　彭子赫　版式设计　孙跃红
责任校对　卿文春　责任印制　牛晓波
ISBN 978-7-5024-7573-4
冶金工业出版社出版发行；各地新华书店经销；北京建宏印刷有限公司印刷
2017 年 8 月第 1 版，2017 年 8 月第 1 次印刷
169mm×239mm；13.25 印张；257 千字；201 页
60.00 元
冶金工业出版社　投稿电话　（010）64027932　投稿信箱　tougao@cnmip.com.cn
冶金工业出版社营销中心　电话　（010）64044283　传真　（010）64027893
冶金书店　地址　北京市东四西大街 46 号（100010）　电话　（010）65289081（兼传真）
冶金工业出版社天猫旗舰店　yjgycbs.tmall.com
（本书如有印装质量问题，本社营销中心负责退换）

前　言

　　复合地基技术已经广泛应用于建筑工程、交通工程、水利工程及市政工程等与土木工程相关的各个领域，特别是在沿海地区各类超软、深厚软土地基上修建高速公路、铁路、大型油罐和深基坑开挖中，复合地基技术更加得到了长足发展，各种桩型特别是刚性桩在复合地基技术中的应用日益增多。

　　尽管复合地基技术在土木工程中的广泛应用促进了复合地基理论的发展，但是复合地基理论还是远落后于复合地基工程实践，特别是对于路堤荷载下复合地基沉降计算的理论分析。随着我国国民经济的发展，在深厚软土地基上修建的高速公路、铁路越来越多，在工程实践中遇到的主要问题是路堤工后沉降问题，如何解决路堤沉降变形就成为当前岩土界十分关注的问题，因此，加强路堤下复合地基沉降计算理论和方法研究就显得极为重要和迫切。

　　深厚软土地基处理技术按沉降控制设计越来越普遍，控制沉降本身就意味着改变土层中的附加应力，但究竟采用何种桩型的复合地基形式，以及什么样的桩长，才能经济而有效达到这一目的，这是当前岩土工程界普遍关心的问题。因此，按沉降控制设计是以控制地基的沉降量为原则、让桩间土体主动承载并尽可能承担更多的荷载、发挥桩土共同作用的一种设计方法。控沉疏桩复合地基是一种以控制地基沉降量为目的、疏化桩间距的刚性桩复合地基，这种复合地基利用桩体来控制地基沉降（桩体属摩擦桩型，一般是采用刚性桩如混凝土桩、预制桩等形式），应用前景广阔。

　　PTC 型刚性桩作为预应力混凝土桩，其功效和优势在建筑工程桩基中已得到肯定，将其应用于高速公路处理深厚软土地基工程也越来越多。在已有的各种桩型复合地基技术和桩基技术的基础上，南京河海交通基础技术有限公司将配置桩帽的 PTC 型刚性桩应用于高速公路处理深厚软土地基工程中。通过试用，带帽 PTC 型刚性桩处理深厚软土地基，具有处理技术先进、经济效益显著、施工安全可靠等优点，应用推广前景可观，但是对其还没有合适的设计方法和规程规范。现有的设计主要是借鉴摩擦疏桩技术，按照控制沉降设计理论，采用疏化桩间距的设计方法，使用摩擦桩充分发挥桩土共同作用，但是，对带帽 PTC 型刚性疏桩复合地基作用机理还缺乏深入了解，对其承载能力、沉降变形、荷载传递、桩土应力比及桩土间相互作用等力学性状还没有分析清楚；带帽 PTC 型刚性疏桩复合地基沉降计算也没有成熟的方法，初步设计的依据及设计时如何考虑桩土荷载分担比、桩土应力比才能使桩土共同作用达到最佳状态都还没有合适的理论；带帽 PTC 型刚性疏桩复合地基的桩长、桩帽大小、桩间距、垫层材料及厚度等方面的确定都还依赖于设计者的经验。因此，加强带帽 PTC 型刚性疏桩复合地基荷载传递机理研究，具有重要意义和现实意义。

　　本书由南昌航空大学雷金波和华东交通大学郑明新共同撰写而成。在此，感谢江苏省交通基础技术工程研究中心提供的试验场地和给予的帮助！感谢国家自然科学基金项目（51268048、51768047）、江西省自然科学基金项目（20171BAB206059）、江西省教育厅科研基金项目（GJJ14527、GG08226）和南昌航空大学科研基金项目（EA200500147）等资助！感谢南昌航空大学土木建筑学院领导和老师的关心和帮助！感谢南昌航空大学学术文库出版基金资助！感谢杨金尤、李壮状、廖幼孙等研究生为本书的出版所付出的辛勤劳动！

　　在本书的撰写过程中，参考了一些文献，在此向文献作者表示衷心的感谢！

　　由于作者水平有限，书中不足之处，恳请广大读者批评指正。

作　者
2017 年 4 月

目　　录

1 绪 论

1.1 研究背景

复合地基作为一种行之有效的地基处理手段，已在土木工程中得到了广泛应用，诸如建筑工程、水利工程、交通工程及市政工程等与土木工程相关的各个领域，特别是在沿海地区各类超软、深厚软土地基上修建高速公路、铁路、大型油罐和深基坑开挖中，复合地基技术更加得到了长足发展，各种桩型尤其是刚性桩在复合地基技术中的应用趋势日益增强，因此复合地基技术的推广应用产生了良好的社会效益和经济效益。

20 世纪 80 年代以来，随着我国沿海软土地区高等级公路建设的发展，复合地基技术被推广应用于公路软基处理。尽管复合地基技术在土木工程中的广泛应用促进了复合地基理论的发展，但是复合地基理论还是远落后于复合地基工程实践，特别是对于柔性基础下复合地基沉降计算的理论分析。现行复合地基理论用于诸如钢筋混凝土基础下的复合地基承载力和沉降计算有一定的实用价值，但是若把这种理论直接应用于诸如高速公路路堤、堤坝工程中的复合地基计算，计算值与观测值往往有很大的差异。究其缘由，工程实践和理论分析表明基础刚度大小、桩型对荷载作用下复合地基工作性状有重要影响。刚性基础下复合地基由于基础刚度大，在荷载作用下基底始终保持平面，复合地基中桩和桩间土在竖向是等应变的，如建筑工程中，无论是条形基础，还是筏板基础，基础都有较大的刚度，在上部建（构）筑物荷载作用下，混凝土基础的沉降基本上是相同的，能够满足基础下桩、桩间土的协调变形假设。路堤、堤坝工程中，在填方荷载和交通荷载作用下，复合地基中桩体会刺入填方路堤，复合地基中桩、桩间土的沉降不一致，两者之间会有竖向相对滑移，即基底处桩、桩间土竖向变形不相同，不再满足上述协调变形假设（平面假设）。即柔性基础下复合地基由于地基刚度不大，受力变形后基础底面不能保持平面。因此，刚性基础和柔性基础下复合地基中桩、桩间土的工作性状不完全相同，刚性基础下复合地基计算理论不完全适合于柔性基础下复合地基承载力和沉降计算。随着我国国民经济的发展，在深厚软土地基上修建的高速公路、铁路越来越多，在工程实践中遇到的主要问题是路堤工后沉降问题，如何解决路堤沉降变形就成为当前岩土界十分关注的问题，因此加强路堤下复合地基沉降计算理论和方法研究就显得极为重要和迫切。

　　我国软弱地基类别多、分布广，现在的经济形势要求：采用某种方案对软弱土层进行地基处理时，既要做到处理效果安全可靠，能够保证工程质量，又要节省工程投资，因此软土地基处理方法和各种新桩型复合地基形式仍在不断涌现和研究讨论之中。在桩基技术和复合地基技术的基础上，为了发挥土体的承载作用，复合桩基技术就应运而生了。简言之，复合桩基就是指桩与承台共同承担外荷载的桩基。承台下一般有数根桩体，若桩间距过小，容易产生群桩效应。因此为避免承台下群桩效应的产生，通常是增大桩体中心间距。工程中一般将大桩距（一般在 5~6 倍桩径以上）稀疏布置的摩擦桩基称为疏桩基础，以减少沉降为目的桩基称为减沉桩[1]。由于考虑了土体的承载性能，不论是复合桩基础、疏桩基础，还是减沉桩基础，均具有较好的经济效益。不管是减沉桩基设计还是复合桩基设计，由按承载力控制设计转向按沉降控制设计是必然的趋势。因此，在深厚软土地基处理中，复合地基技术按沉降控制设计也就越来越普遍，故按控制沉降的方法设计复合地基形式具有广阔的应用前景。复合地基控制沉降，其基本原理就是通过桩对上部结构荷载的传递，来改变土体中的应力分布，减小上部较软弱土层中的附加应力，并将其传递至较深土层。桩长的大小直接影响荷载的传递，影响土中的附加应力分布。对于刚性桩复合地基来说，桩端持力层一般为相对硬质土，其压缩模量较大，通过刚性桩体将应力转移到硬质土层上，产生的地基沉降可大大减小；对于柔性桩复合地基来说，它主要能够使应力扩散于桩身范围内及桩端持力层等各土层中，由各个土层共同承担上部荷载，减少局部软弱土层中的附加应力，从而达到减少地基沉降的目的。总之，控制沉降本身就意味着改变土层中的附加应力，但究竟采用何种桩型的复合地基形式，以及什么样的桩长，才能经济而有效达到这一目的，这是当前岩土工程界普遍关心的问题。因此按沉降控制设计就是指一种以控制地基的沉降量为原则、让桩间土体主动承载、发挥桩土共同作用的设计方法。其核心就是基础能否正常工作，主要是让地基实际沉降量小于允许沉降量，对桩体的承载力没有严格要求，只要单桩承载力小于单桩极限承载力即可，校核地基的整体承载力。按照这种设计方法，根据不同的容许沉降量要求，与常规设计相比，用桩量应有不同幅度的减少，在保证沉降量满足设计要求的前提下，工程造价更为经济。而控制沉降疏桩复合地基则是一种设计以控制地基沉降量为目的、疏化桩间距的刚性桩复合地基，简称控沉疏桩复合地基。这种复合地基是利用桩体来控制地基沉降，桩体属摩擦桩型，一般是采用刚性桩如混凝土桩、预制桩等形式。

　　刚性桩复合地基中桩体具有较高的强度，目前主要包括 CFG 桩、素混凝土桩、树根桩和锚杆静压桩，其设计的基本思路是控制地基的沉降量，通过桩土的变形协调，实现桩土共同作用，充分利用桩体和土体的强度，从而在满足地基承载力和沉降变形要求的前提下，降低工程造价。PTC 型刚性桩作为预应力混凝土桩，其功效和优势在建筑工程桩基中已得到肯定，将其应用于高速公路处理深厚软土地基工程，目前国内外也日益增多。在已有的各种桩型的复合地基技术和桩基技术的基础上，江苏省交通基础技术有限公司率先将配置桩帽的高强度 PTC 型刚性桩应用于高速公路处理深厚软土地基工程中[2]。由于路堤荷载的特点，容易造成 PTC 管桩桩体刺入路堤，引起路堤表面沉降不均匀，因此这种缺陷又影响着刚性桩在高速公路深厚软基处理中的应用。为克服刚性桩容易产生上刺现象，在桩顶配置桩帽，增大桩体与垫层的接触面积，因此桩帽可起到均化桩顶应力、有效减小桩顶刺入量的作用。通过试用，带帽 PTC 型刚性桩处理深厚软土地基，具有处理技术先进、经济效益显著、施工安全可靠等优点，应用推广前景可观。但是目前还没有合适的设计方法和规程规范，现有的设计主要是借鉴摩擦疏桩技术，按照控制沉降设计理论，采用疏化桩间距的设计方法，使用摩擦桩充分发挥桩土共同作用，但对带帽 PTC 型刚性疏桩复合地基作用机理还缺乏深入了解，对其承载能力、沉降变形、荷载传递、桩土应力比及桩土间相互作用等力学性状也还没有很好分析清楚，带帽 PTC 型刚性疏桩复合地基沉降计算也没有成熟的方法，初步设计的依据及设计时如何考虑桩土荷载分担比、桩土应力比才能使桩土共同作用达到最佳状态都还没有合适的理论，带帽 PTC 型刚性疏桩复合地基的桩长、桩帽大小、桩间距、垫层材料及厚度等参数的确定都还依赖于设计者的经验。工程带帽桩设计时，桩体中心间距为 7.5 倍的桩径（大于 5~6 倍桩径），并且高速公路深厚软基处理的目的是控制地基的总沉降量和工后沉降量。鉴于此，本书将结合现场足尺试验，对其桩土相互作用机理进行深入系统的分析研究，探讨带帽 PTC 型刚性疏桩复合地基作用机理的影响因素，并提出相应的沉降计算方法和优化设计的思路，完善带帽 PTC 型刚性疏桩复合地基的设计计算理论，并指导工程实践，从而促进带帽刚性疏桩复合地基的发展，丰富刚性桩复合地基内涵。因此，加强深厚软基带帽刚性疏桩复合地基作用机理研究，具有无可比拟的重要性、现实性和紧迫性。

1.2 复合地基概述

1.2.1 复合地基的概念

当天然地基不能满足建（构）筑物对地基承载力、变形等要求时，需要进行地基处理，形成人工地基，以保证建（构）筑物的安全和正常使用。人工地基大致上可分为四大类：均质地基、多层地基、复合地基和桩基[3]。

（1）均质地基是指天然地基在地基处理过程中加固区土体得到全面改善，

加固区土体的物理力学性质基本上是相同的，加固区的宽度和厚度与荷载作用面积或与其相应的地基持力层或压缩层厚度相比都已满足一定的要求，如图 1-1 （a）所示。例如，采用排水固结法形成的人工地基，加固区各点的孔隙比减小，压缩性减小，土体抗剪强度得到提高。均质人工地基承载力和变形计算方法基本上与均质天然地基的计算方法相同。

（2）多层地基主要是指双层地基，而双层地基为天然地基经过地基处理形成的均质加固区厚度与荷载作用面积或者与其相应持力层和压缩层厚度相比较为较小时，在荷载作用影响区内，地基由两层性质相差较大的土体组成，如图 1-1 （b）所示。双层地基有人工形成的，也有天然形成的。采用表层压实或垫层法处理形成的人工地基一般属于双层地基。双层人工地基承载力和变形计算方法基本上与双层天然地基的计算方法相同。

（3）复合地基自 1962 年首次使用该词以来，随着地基处理实践和理论的发展，复合地基的概念得到了工程界和学术界的认识和深化。复合地基是指天然地基在地基处理过程中部分土体得到增强，或被置换，或在天然地基中设置加筋材料，加固区是由基体（天然地基土体或被改良的天然地基土体）和增强体两部分组成的人工地基，上部荷载由基体和增强体共同承担[3,4]。

（4）桩基是由单根桩或多根桩与连接桩顶的承台一起构成的桩基础，其作用是将上部结构的荷载通过上部软弱土层或易压缩土层传给深层强度高、压缩性小的土层或岩层。

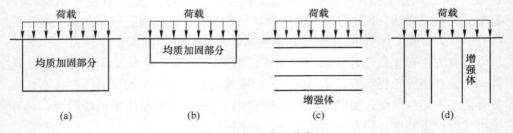

图 1-1　人工地基分类

（a）均质人工地基；（b）双层地基；（c）水平向增强体复合地基；（d）竖向增强体复合地基

1.2.2　复合地基的分类

根据增强体的方向，复合地基可分为水平向增强体复合地基和竖向增强体复合地基。另外增强体是由散体材料组成，还是由黏结材料组成，以及黏结材料桩的刚度大小，都将影响复合地基荷载传递性能。因此，根据复合地基工作机理可作下述分类：

复合地基 {
竖向增强体复合地基 {
散体材料桩复合地基：砂桩、碎石桩
黏结材料桩复合地基 {
柔性桩复合地基：石灰桩、水泥土桩
刚性桩复合地基：混凝土类桩、
CFG 桩、PTC 桩
}
}
水平向增强体复合地基：土工聚合物、金属材料格栅等形成的复合地基
}

水平向增强体复合地基主要包括由各种土工合成材料如土工格栅、土工织物等形成的加筋土地基，如图 1-1（c）所示。加筋土层主要用来加固软土路基、堤基和油罐基础等。

工程中竖向增强体习惯上称为桩，竖向增强体复合地基通常简称为复合地基，如图 1-1（d）所示。根据竖向增强体材料的性质，复合地基又可分为三类：散体材料桩复合地基、柔性桩复合地基和刚性桩复合地基。散体材料桩的材料本身单独不能形成桩体，只有依靠周围土体的围箍作用才能形成桩体，散体材料桩复合地基桩体主要形式有碎石桩、砂桩及渣土桩。柔性桩复合地基的桩体刚度较小，但桩体具有一定黏结强度，柔性桩中部分强度高的桩（如粉喷桩，有时称为半刚性桩）已较强地表现出桩的性状。柔性桩复合地基的桩体主要形式有水泥土桩、灰土桩、石灰桩等。刚性桩复合地基的桩体材料通常以水泥为主要胶结材料，有时由混凝土或由混凝土与其他掺合料构成，桩身强度较高，其桩体主要形式有低强度混凝土桩、钢筋混凝土桩等。目前在工程中应用的竖向增强体有碎石桩、砂桩、水泥土桩、石灰桩、灰土桩、CFG 桩[5]、钢筋混凝土桩、预应力薄壁管桩（PTC）等。

1.2.3 复合地基的形成条件

复合地基有两个基本的特点：

（1）加固区是由基体和增强体两部分组成，整体看是非均质和各向异性的。

（2）在荷载作用下，基体和增强体共同直接承担荷载或共同消化荷载。

前一特点使复合地基区别于均质地基，后一特点使复合地基区别于桩基础。根据传统的桩基理论，桩基础在荷载作用下，桩基础中的土不承担荷载（高承台桩基础）或只承受极小一部分荷载（低承台桩基础），土体处于弹性变形阶段，而复合地基中桩和桩间土体共同承担荷载，土体承担较大的荷载，使得部分土体在工作荷载阶段就可能产生非线性变形或达到塑性变形阶段，这就使得复合地基和桩基础的计算方法本质上是不相同的，并且吴慧明[6]通过现场模型实验发现：在柔性基础下复合地基中桩间土的承载发挥度远大于桩体的承载发挥度。

从复合地基的两个基本特点可以看出，在荷载作用下，增强体和地基土体共同承担上部结构传来的荷载是复合地基的本质。然而如何设置增强体以保证增强

体与天然地基土体能够共同承担上部结构荷载是有条件的，这就涉及复合地基的形成条件。形成复合地基的基本条件为：在荷载作用下，增强体和天然地基土体通过变形协调共同承担荷载作用，要能够保证土体在承载过程中起到积极作用。由于散体材料桩本身所具有的特点，在各种情况下均可形成复合地基而不需要考虑形成条件，但对于黏结材料桩，特别是采用刚性桩形成复合地基则需要重视复合地基的形成条件，一般的做法是在基础下设置褥垫层，至于褥垫层的材料类别和厚度究竟为多厚，仍值得进一步研究和探讨。

1.2.4　复合地基的作用

组成复合地基中增强体的材料不同，施工方法不同，复合地基的作用也不同。不论何种复合地基，都具有以下一种或多种作用。

（1）桩体作用。由于复合地基中桩体的刚度比周围土体的刚度大，在刚性基础下桩土竖向等量变形时，地基中应力按材料的模量进行分配。因此，桩体上产生应力集中现象，大部分荷载将由桩体承担，桩间土承担的荷载减小，其应力也相应减小，这就使得复合地基承载力较原地基有所提高，沉降有所减少，随着桩体刚度增加，其桩体作用更为明显，可通过桩土应力比值来体现。

（2）垫层作用。桩与桩间土复合形成的复合地基，在加固深度范围内形成复合层，它可起到类似垫层的换土效应，均匀地基应力和增大应力扩散角等作用，在桩体没有贯穿整个软弱土层的地基中，垫层的作用尤其明显。

（3）振动挤密作用。对砂桩、砂石桩、土桩、灰土桩、二灰桩和石灰桩等，在施工过程中由于振动、沉管挤密或振冲挤密、排土等原因，可使桩间土得到一定的密实效果，改善土体物理力学性能。采用生石灰桩，由于其材料具有吸水、发热和膨胀等作用，对桩间土同样可起到挤密作用。

（4）加速固结作用。部分桩型能加速土的固结，如砂（砂石）桩、碎石桩等桩本身具有良好的透水性，起到加速固结的作用。水泥土类和混凝土类桩在某种程度上也可加速地基固结。因为地基固结，不但与地基土的排水性能有关，而且还与地基土的变形特性有关，这可从固结系数 C_v 计算式反映出来（$C_v = k(1+e_0)/(\gamma_w a)$）。虽然水泥土类桩会降低地基土的渗透系数 k，但它同样会减小地基土的压缩系数 a，而且通常后者的减小幅度要较前者为大。为此，使加固后水泥土的固结系数 C_v 大于加固前原地基土的固结系数，同样可起到加速固结的作用，而且增大桩与桩间土模量比对加速地基固结也是有利的。

（5）加筋作用。复合地基不但提高地基的承载力，而且可用来提高土体的抗剪强度，因而可提高土坡的抗滑能力。国外将砂桩和碎石桩用于高速公路的路基或路堤加固，都归属于"土的加筋"，这种人工复合的土体可增加地基的稳定性。

1.2.5 复合地基的破坏模式

复合地基的破坏模式大致可分三种情况：一种是桩间土首先破坏进而发生复合地基全面破坏；第二种是桩体首先破坏进而发生复合地基全面破坏；第三种是桩间土和桩体同时达到破坏使得复合地基全面破坏。在这三种破坏模式中，桩间土和桩体同时达到破坏是很少见的，但是目前复合地基计算理论中都或多或少默认了复合地基的破坏模式是桩和桩间土同时达到破坏。事实上，复合地基的破坏模式与基础的刚度有很大关系，在刚性基础下，复合地基的破坏模式大多数情况下都是桩体先破坏，继而引起复合地基全面破坏，而在柔性基础下，复合地基的破坏模式则一般是桩间土先破坏，进而发生复合地基全面破坏，这在吴慧明[6]的现场模型实验结果有所证实。桩体破坏模式一般有 4 种，如图 1-2 所示。

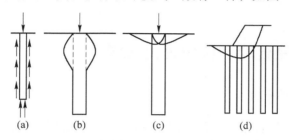

图 1-2 复合地基中桩体的破坏模式
（a）刺入破坏；（b）鼓胀破坏；（c）整体剪切破坏；（d）滑动破坏

桩体发生刺入破坏如图 1-2（a）所示。桩体刚度较大，地基土强度低的情况下较易发生桩体刺入破坏。桩体发生刺入破坏，承担荷载大幅度降低，进而引起复合地基桩间土破坏，造成复合地基全面破坏。刚性桩复合地基较易发生刺入破坏，特别是柔性基础下（填土路堤下）刚性桩复合地基更易发生刺入破坏。

鼓胀破坏模式如图 1-2（b）所示。在荷载作用下，桩间土不能提供桩体足够的围压，以防止桩体发生过大的径向变形，产生桩体鼓胀破坏。在刚性基础下散体材料桩复合地基较易发生鼓胀破坏，在一定条件下，柔性桩复合地基也可能发生桩体鼓胀破坏，柔性基础下散体材料桩复合地基可能发生桩体鼓胀破坏。

整体剪切破坏模式如图 1-2（c）所示。在荷载作用下，复合地基产生图中的塑性流动区域，在滑移面上桩体和土体均发生剪切破坏。散体材料桩复合地基也比较容易发生整体剪切破坏，柔性桩复合地基在一定条件下也可能产生整体剪切破坏。

滑动破坏模式如图 1-2（d）所示。在荷载作用下，复合地基沿某一滑动面产生滑动破坏。在滑动面上，桩体和桩间土均发生剪切破坏。各种复合地基均可能发生滑动破坏。

在荷载作用下，复合地基按照哪一种模式破坏，影响因素很多。它不仅与复合地基本身的结构形式、增强体材料性质有关，还与荷载形式、基础结构形式有关。桩体本身的刚度对复合地基的破坏模式有较大影响，桩间土的性质与桩体的性质差异程度会对复合地基的破坏模式产生影响，若两者相对刚度较大，容易发生桩体刺入破坏。

综上所述，复合地基破坏模式具有以下特点：

（1）对不同的桩型，桩体有不同的破坏模式；

（2）对相同的桩型，随桩身强度的不同，桩体也存在不同的破坏模式；

（3）对同一桩型，当土层条件不同时，也会发生不同的破坏模式；

（4）同一桩型，随桩长的不同，复合地基的破坏形式也不相同。

总之，对于具体的复合地基的破坏模式应考虑各种影响因素综合分析加以估计。

1.3　刚性桩复合地基应用研究现状

1.3.1　室内外试验研究

何良德等人[7]结合苏-沪高速公路疏桩复合地基处理工程，进行了带帽 PTC 管桩和带帽 PTC 管桩复合地基的现场足尺试验研究。根据试验结果，研究了桩身桩帽桩间土的相互作用机理和承载特性，分析了桩帽、桩间土和桩端承载的滞后效应，以及桩帽、桩间土对桩身的消减作用。认为管桩复合地基的第 1 阶段桩身控制沉降，第 2 阶段土体控制沉降，探讨了桩帽-桩间土荷载分担比及应力比在不同沉降阶段的变化规律。雷金波等人[8~10]开展了带帽和无帽单桩复合地基现场足尺试验，对带帽 PTC 管桩复合地基承载能力、荷载传递、桩侧土压力、桩侧摩阻力、桩土荷载分担比及桩-土应力比等力学性状进行了讨论，研究了带帽刚性疏桩复合地基的荷载沉降、载荷板与桩体的沉降差、地表土应力分布特征、剖面沉降等性状规律。试验结果表明：带帽长桩型复合地基较带帽短桩型复合地基易于控制地基沉降变形和提高地基承载力，在设计荷载下带帽短桩型复合地基较带帽长桩型复合地基更能发挥地基土承载作用，桩帽下土体与桩帽间土体承载性能及发挥程度不同。由于桩帽能均化桩顶应力，起到刚性板作用，带帽桩体与桩帽下土体能产生近似等量的竖向变形，同时保证了垫层的整体效应。试验结果能为带帽 PTC 管桩复合地基理论研究提供合理的试验依据，完善带帽刚性疏桩复合地基工作性状研究以及优化工程设计。赵阳[11]采用模型试验方法，对带帽刚性桩桩身轴力以及桩侧摩阻力分布情况进行了研究，得出在桩帽以下的桩体存在负摩阻力区域，并在桩长约三分之一的位置出现等沉面。吴燕泉[12]通过室内模型试验获得了带帽刚性桩在竖向荷载作用下桩身轴力、桩侧摩阻力的分布变化情况以及在极限荷载作用下桩周土体的破坏模式，揭示了带帽刚性桩与土体的作用机理。

余闯[13]通过现场试验对路堤荷载下 PTC 刚性桩复合地基的性状进行了研究，并指出海相软土中 PTC 预应力管桩采用锤击法施工会产生较大的超孔隙水压力。管桩的桩径、桩长以及有无桩靴对孔压及其消散规律都有很大的影响。

高成雷等人[14]依托沪宁高速公路（上海段）拓宽工程试验段，进行拓宽路堤下带帽刚性疏桩复合地基应力特性的现场足尺试验。研究结果表明：桩体应力集中效应与路堤填筑高度和桩的位置有关。桩帽底土承载能力的发挥要求桩体具有较强的应力集中效应；桩帽顶应力与桩帽底应力的显著差异，表明桩帽底土接近脱空状态。路堤填筑过程中桩-土应力不断调整，实测桩-土应力比的变化范围为 1~12。实测桩-土应力比不能准确地反映拓宽路堤下带帽刚性疏桩复合地基的应力特性，建议采用桩位应力比作为桩体应力集中效应的评价指标。

王虎妹[15]对三个不同地点的带帽刚性疏桩复合地基工程进行试验监测，根据试验监测数据结果进行分析，可见褥垫层不同厚度对带帽刚性桩承载力和沉降变形的影响：设计褥垫层在某一合适的厚度，能有效降低桩身承载力，提高桩间土的承载力，使桩和桩间土合理共同承担荷载，降低复合地基沉降变形，减少地基对基础的应力集中，对工程实际有一定的指导意义。

黄生根[16]根据现场试验结果，研究了承受柔性荷载的带桩帽 CFG 桩复合地基中桩的承载特性、土的受力特性以及桩帽、桩和土之间相互作用规律。试验结果表明：极限状态下，带桩帽的 CFG 桩复合地基中桩承载力的发挥程度比地基土承载力的发挥程度略大；正常使用状态下，桩承载力的发挥程度远大于土承载力的发挥程度，桩的安全储备小于土的安全储备。

万年华[17]结合武汉某高速公路软基处理的实际情况，从设计和施工两方面重点介绍预应力管桩在公路软基应用中需注意的由于构筑物处反开挖施工桩帽及承台、或构筑物一侧土方填筑高度高出管桩施工作业面，在重型施工机械行走碾压时，极易造成边坡失稳，出现预应力管桩的偏位、倾斜甚至断裂等各类施工质量问题。

谭儒蛟等人[18]基于原位监测数据，系统分析了带帽 PTC 桩网复合路基的锤击成桩扰动效应、复合桩土应力比、超孔隙水压力、施工期路基沉降及水平变形特征等规律。分析结论可供类似工程刚性桩复合地基的成桩工艺选择、桩型设计参数优化、路基填筑速率及变形控制等的设计、施工借鉴参考。

段晓沛等人[19]结合天津软土地区 3 组 PTC 管桩复合地基静载试验，对复合地基在工作状态及极限状态下侧摩阻力和端阻力承担外荷载的比例进行了研究，分析了桩土荷载分担比，讨论了垫层厚度对桩土荷载分担比的影响，提出了实际工程的垫层厚度，对类似工程具有借鉴意义。

1.3.2 理论研究

王想勤等人[20]在分析路堤荷载作用下刚性桩复合地基中桩帽效应的基础上，通过理论分析、有限元计算、室内模型试验以及现场测试等方法，研究了桩帽以及桩帽尺寸的大小，对刚性桩复合地基中桩土分担比、加筋垫层的应力以及整体沉降特性等的影响。研究表明：桩帽的存在增加了桩顶与垫层之间的接触面积，起到均化桩顶集中力、减小桩顶向垫层刺入量的作用，使带帽刚性疏桩复合地基控制沉降的能力远好于不带帽刚性疏桩复合地基；桩帽尺寸逐渐增大，桩间土的应力明显减小，Q-S曲线由"陡降型"向"缓变形"转变，有助于带帽刚性疏桩复合地基整体承载力的发挥，从而提高了刚性桩复合地基的利用效率。

刘苏弦等人[21]在对路堤荷载下刚性桩复合地基桩土变形特点进行分析的基础上，针对前人桩间土位移模式存在的不足，提出了改进的位移模式；对桩体和土体进行受力分析，建立了路堤荷载下刚性桩沉降计算方法，该方法能同时考虑桩土相对滑移的因素和土体变形的非同步性；算例分析表明了该方法的合理性与可行性。

陈昌富等人[22]为了给高路堤下带帽刚性疏桩复合地基提供设计依据，针对高路堤下带帽刚性疏桩复合地基荷载传递特点，将带帽桩和桩帽下部分土体视为复合桩体，同时假定复合桩体间土体的位移模式，并考虑高路堤填土的土拱效应和桩帽间土体的成层性，基于变形协调原理，建立了高路堤-复合桩体-桩帽间土体相互耦合的荷载传递模型，推导得到了高路堤荷载作用下带帽刚性疏桩复合地基的桩土应力比和桩土差异沉降计算公式，以工程实例验证了该计算方法的合理性，并分析了桩长、桩间土压缩模量、桩帽截面尺寸、桩间距等因素对桩土应力比的影响。研究结果表明：桩长、桩间土压缩模量和桩帽截面尺寸对桩土应力比影响显著，而桩间距、填土内摩擦角、填土黏聚力和填土压缩模量对桩土应力比影响较小。

陈仁朋[23]针对桩承式路堤工作性状比较复杂、对路堤-桩-土之间共同工作机理的认识还不是十分清楚的问题，建立了考虑土-桩-路堤变形和应力协调的平衡方程，分析了三者协调工作时路堤、桩、土的荷载传递特性，获得了路堤的土拱效应、桩土荷载分担、桩和土的沉降等结果。与弹塑性有限元计算结果进行了对比，验证了该计算模型的合理性，同时应用所提出的方法，对杭甬高速公路拓宽工程进行了分析。

赵明华等人[24]根据路堤荷载下复合地基的荷载传递机理及变形特征，综合考虑路堤填土的土拱效应和桩、土的荷载传递性状，采用假定的桩间土位移模式，同时考虑桩土界面的相对滑移和同一深度处桩间土沉降的非同步性，基于典型单元体建立考虑路堤-桩土加固区-下卧层三者变形与应力协调的平衡方程，并求解获得表征桩土复合地基工作性状的桩土应力比及沉降变形解析公式。

1.3.3 数值模拟研究

吕伟华等人[25]采用二维有限元数值计算方法对刚性桩网复合地基加固拓宽道路下软土地基的工作性状进行系统分析。利用经现场实测数据合理性验证过的数值计算模型，分别改变桩网复合地基体系中桩体与加筋体的几何、材料力学条件，考虑不同地基处理方式和加筋布置形式，以路堤顶面新老拼接结合部的横坡改变率为差异沉降控制指标，进行设计参数敏感性量化分析。

陈富强[26]基于群桩复合地基承载变形特性的数值模拟，研究了群桩复合地基中整体效果的形成条件，获得了考虑桩土共同作用效果的桩的合理间距。通过改变桩间距、桩长、褥垫层厚度、桩端土性等参数对 CFG 桩群桩复合地基的整体性问题进行了数值模拟。模拟结果表明：桩与桩间土形成整体效果与桩长及桩间距有关，桩长较短时，则要求桩间距比较小。从提高桩间土的承载力看，桩长并不是越长越好，存在一个临界桩长的问题。

朱筱嘉[27]对带帽刚性疏桩复合地基进行数值分析，提出了通过调整桩体中心间距和桩帽尺寸，改变带帽桩复合地基复合桩土应力比的大小，改变桩帽间土体所分担荷载的大小，达到桩帽间土体沉降量的大小满足高速公路工后沉降控制标准的目的，以此作为优化设计的依据，提出了带帽桩复合地基优化设计的一些思路和方法。

杨德健等人[28]采用 ANSYS 有限元软件分析了垫层模量、桩间土模量，以及桩间距等因素对复合地基沉降变形的影响。研究表明：桩间土模量的变化对刚性桩复合地基的整体沉降量影响比较显著，复合地基的整体沉降量随桩间土体模量的增加而减小；桩间距是控制刚性桩复合地基整体沉降量的主要因素之一，地基沉降量随桩间距的减小而减小，但桩间距过小时，对减少刚性桩复合地基整体沉降量的作用并不明显。

郑俊杰等人[29]采用数值模拟方法分析了承载板刚度、载荷大小、桩体刚度对应力扩散模式及扩散角的影响，在规范给出的地基沉降计算方法的基础上，考虑复合地基附加应力的实际扩散模式，提出了一种新的复合地基沉降计算模式，并给出了应力扩散角的取值建议。通过与实测数据的对比，证明该方法比其他方法计算结果更加准确。

吴慧明[30]利用 Algor 有限元程序，对不同刚度基础下复合地基位移场和应力场进行了初步分析。通过现场模拟试验和有限元分析发现，在基础刚度较小的情况下，复合地基中桩和桩间土不再满足协调变形，对复合地基的承载力和沉降变形得出了一些定性的观点，并对柔性基础下复合地基的设计进行了一定的探讨。但作者对复合地基中桩和桩间土的塑性变形及其三维空间效应未能考虑，使模拟的精确度得不到保证，并且对柔性基础下复合地基中的桩和桩间土竖向变形的不协调性也没有研究。龚晓南[31]等人指出在现有的复合地基理论中，大都以刚性基础为前提，没有考虑基础刚度的影响，利用数值方法研究了在不同刚度基础下复合地基中应力场和位移场的差异。

冯瑞玲等人[32]利用 MARC 软件，选择弹塑性本构模型并以线性 Mohr-Coulmb 屈服准则作为屈服条件，将平面问题有限元法用于对路堤荷载作用下的桩体复合地基受力与变形性状进行了研究，分别分析了本构模型中各参数（桩间土、桩体、路堤的变形模量、泊松比、黏聚力及内摩擦角）对复合地基性状的影响。

张忠坤等人[33]通过对路堤下复合地基沉降发展计算方法的探讨，提出了将可考虑填土荷载宽度及桩土非均质性的半解析元法与沉降随时间发展的指数法相结合，进行沉降随时间发展的预测，并将计算结果与实际沉降曲线及根据 Biot 固结平面有限元数值分析结果进行对比，发现半解析元法的数值分析结果是有价值的。

朱云升等人[34]通过有限元方法，考虑复合地基中各种材料的非线性特性，对柔性基础下复合地基的力学性状作了初步的数值模拟分析，找出了柔性基础下复合地基桩土间的荷载分担、荷载沿深度变化和传递、桩土间相互作用、变形特性等力学性状的一些基本规律。

曾远[35]、刘国明[36]等人利用 Biot 固结理论，采用非线性有限元法分析了高速公路下复合地基桩长、置换率、桩土刚度比、施工进度对复合地基变形的影响，并从减少差异沉降出发，提出了合理布桩方式。

杨虹等人[37]利用弹性、Duncan-Chang 非弹性两种本构模型，将平面问题有限元用于填土路堤下复合地基性状的研究，对复合地基的桩土刚度比、置换率、桩长及路堤刚度对复合地基沉降、侧移及桩土应力比分配的计算结果进行比较和研究。

王欣等人[38]考虑路堤柔性荷载作用下粉喷桩桩身与土上部的位移不协调即桩顶及桩端的刺入变形，采用弹性力学中的 Mindlin 解和 Boussinesq 解联合求解粉喷桩复合地基内附加应力和地基沉降，计算结果与工程实例的实测结果吻合较好。张忠苗等人[39]也对柔性承台下复合地基应力和沉降的计算进行了研究，也是利用 Mindlin 解和 Boussinesq 解联合求解柔性承台下复合地基的附加应力，可以得到与实际较为符合的应力分布，同时利用 Vesic 小孔扩张理论计算桩体刺入柔性承台的量，对分层总和法进行修正，所得沉降计算结果与实测值相近。

刘吉福[40]指出路堤下复合地基桩与桩间土之间的沉降不一致，导致填土内部出现相对垂直位移，应力状态发生变化，计算路堤下复合地基桩、土应力比的方法及计算参数均与刚性基础下的复合地基不同。作者通过对复合地基上部填土的力学分析，推导出一个求解桩顶平面处的桩、土应力比公式，该公式表明桩顶处桩、土应力比的大小与复合地基置换率、桩顶处桩土沉降差、填土厚度、填土弹性模量等关系密切。

伊尧国等人[41]分析了软土地区桩体复合地基沉降变形与稳定性，探讨了柔性基础下半刚性复合地基变形性状，并从基本理论出发，讨论了桩周土固结产生的时间效应和软土结构性对沉降的影响，提出了相应的计算方法，指出深厚软土地区桩体复合地基的沉降控制主要是对下卧层的控制。

国内外还有其他一些学者[42~64]对复合地基的力学性状也进行了一定程度的研究。

1.4　复合地基沉降计算方法

现有关于复合地基沉降计算理论主要建立在以下三个假设之上：

（1）刚性基础，基底处桩与桩间土的竖向变形协调。

（2）在竖向荷载作用下桩与桩间土之间没有侧向挤压作用，各自都不发生侧向变形。

（3）复合地基土内部任一水平截面上桩与桩间土的竖向压缩变形相同。

尽管复合地基有了丰富的工程实践，但是复合地基计算理论还很不成熟，特别是复合地基沉降计算理论还有待于进一步发展和完善。沉降理论计算值与实际观测值之间还存在着一定的差距，这一现象引起了国内外众多岩土工作者的密切关注。当前复合地基沉降变形计算理论正处在不断发展和完善的过程中，还无法更精确地计算其应力场而为沉降计算提供合理的模式，因而复合地基的沉降变形计算多采用数值分析手段或经验公式进行估算。复合地基沉降计算方法，主要有数值计算和工程简化计算两大类。

1.4.1　数值计算方法

1.4.1.1　平面应变分析法

韩杰等人[65]根据 Biot 固结理论，采用线弹性有限元法对简化为二维问题的刚性基础下碎石桩复合地基进行应力计算，并指出天然地基和复合地基中竖向附加应力的分布是不同的，桩体应力集中明显，桩周土应力相应减小，桩周土应力呈马鞍形分布。邢仲星等人[66]采用平面有限元法对刚性桩、柔性桩及搅拌桩复合地基的不同情况进行了计算分析。

1.4.1.2　均质化方法

将整个加固区视为桩、土组成的均质各向异性的复合材料，通过恰当方式建立反映复合地基整体特性的本构方程，采用解析或数值方法求解。Schweiger 等人[67,68]考虑桩土界面处法向应力的平衡条件，对 Voigt 假设加以修正获得了平面问题碎石桩复合地基的等价应力—应变关系，但这个等价的本构模型不能满足桩土界面处剪应力的平衡条件。Canetta 等人[69,70]考虑桩土界面切向和法向力的平衡条件和竖向应变相等的变形协调假设，根据复合材料应变能原理也得到了复合地基等价本构模型。杨涛等人[71,72]在 Schweiger 和 Canetta 工作的基础上，提出了平面应变条件下复合地基沉降计算的复合本构有限元法。这种方法是将加固区视为由桩和桩间土组成的均质各向异性的复合材料，根据复合地基中桩土界面处力的平衡和竖向变形协调条件，由桩、土材料各自的本构方程建立复合地基本构方程，然后利用有限元法进行求解。同时基于修正的 Alamgir 的典型单元体变形模式，求出了路堤荷载下复合地基加固区压缩量计算的解析式。该方法在分析群桩复合地基划分单元时，不必考虑桩的存在，结点未知量大为减少。在这三种复合地基复合本构模型中，桩和桩间土可以采用任意非线性或弹塑性本构模型，但不能反映复合地基中桩与桩间土之间的相互作用，不能描述桩土间荷载传递规律。刘杰等人[73]完善了复合本构有限元法，在采用杨涛推荐的竖向变形模式的基础上，同时考虑了径向变形模式，利用弹性理论及桩、土位移协调条件建立了桩及桩周土的控制微分方程，并由此推导出了柔性基础下群桩复合地基加固区内桩及桩周土压缩模量计算的解析式，同时得出了桩、桩周土中竖向应力及桩侧剪应力计算的解析式，也未能反映复合地基中桩与桩间土的竖向不协调性。

1.4.1.3　三维有限元法

三维有限元法又称"群桩"问题分析法，是对加固区中的桩和土分别设置单元，能够模拟桩—土的相互作用，可以正确分析复合地基的承载机理。段继伟[74]用轴对称有限元分析了单桩带台复合地基桩土应力比、沉降及荷载、位移传递特性与桩长、桩土模量比、桩径和承台半径的关系。分析群桩-承台-土共同作用时，他建议只将承台进行有限元离散，地基柔度矩阵中的桩对桩、桩对土和土对土这三种柔性系数可以采用单桩轴对称有限元法求解。这种方法基于线弹性分析，计算量小于完全三维有限元计算，但只能获得复合地基表面的荷载和位移分布。蒋镇华[75]采用有限里兹单元法，对复合地基中桩土荷载分担比、加固层压缩变形、下卧层压缩变形、总沉降以及复合地基中群桩位移和荷载传递规律进行了研究。周建民[76]用三维有限元法分析了深层搅拌桩复合地基，讨论了深层搅拌桩复合地基的工作机理和应力、变形分布特点。谢定义[77]采用有限元—无限元三维非线性分析程序对复合地基进行了研究。这种完全三维有限元方法有时会由于计算量太大而使求解变得极为困难。

1.4.1.4　单位元法

施建勇等人[78]借助于桩基沉降预测的研究成果，利用现场试验和有限元计算分析得出的复合地基桩侧摩阻力的分布规律，并对桩与桩间土之间的摩阻力分布规律进行假设和简化，运用单位元法推导了深层搅拌桩复合地基沉降的实用计算公式和设计曲线。通过实例计算，结果表明：单位元法计算的各级荷载下的沉降量值介于分层总和法与有限元法计算值之间，该方法比有限元计算法简便，比分层总和法更合理。虽然单位元法的计算精度略有下降，但该方法便于工程应用。

1.4.1.5 "双层地基"法

将复合地基中加固区和未加固区土体视为材料性质不同的均质体，加固区模量用复合模量来描述，未加固区视为一般的天然地基土，则由加固区和未加固区便组成了一个"双层地基"计算模型。这种方法的关键是加固区复合土体的应力—应变关系及复合模量 E_{cs} 的确定。若按线弹性分析，在桩土等应变条件下，复合压缩模量可以分别由材料力学和弹性力学方法获得近似解式（1-1）和精确解式（1-2）：

$$E_{cs} = mE_c + (1 - m)E_s \tag{1-1}$$

$$E_{cs} = mE_c + (1 - m)E_s + \frac{4(\mu_c - \mu_s)^2 K_c K_s G_s(1 - m)m}{K_c K_s + G_s[mK_c + (1 - m)K_s]} \tag{1-2}$$

$$K_c = \frac{E_c}{2(1 + \mu_c)(1 - 2\mu_c)}; \ K_s = \frac{E_s}{2(1 + \mu_s)(1 - 2\mu_s)}; \ G_s = \frac{E_s}{2(1 + \mu_c)}$$

式中　E_{cs}——复合地基复合压缩模量；

　　　E_c——复合地基中桩体的压缩模量；

　　　E_s——复合地基桩间土的压缩模量；

　　　μ_c——复合地基中桩体的泊松比；

　　　μ_s——复合地基中桩间土的泊松比；

　　　m——面积置换率。

龚晓南等人[3]通过对复合地基加固范围、复合模量变化时地基中的应力分布等情况的有限元计算分析，指出双层地基模式计算复合地基沉降是不可靠的。

1.4.2 工程简化计算

工程实践中，复合地基沉降计算主要有将复合地基作为整体考虑、将复合地基分加固区与下卧层分别考虑的两种思路。

1.4.2.1 将复合地基作为整体考虑的沉降计算方法

A 沉降折减法

荷载作用下的复合地基加固效果可以用沉降折减系数 β'（系指加固后的复合地基的沉降量与天然地基在相同基底压力下的沉降量的比值）来描述：

$$\beta' = \frac{s}{s_0} \tag{1-3}$$

式中　s——复合地基的沉降；

　　　s_0——相应的未加固区地基的沉降。

Priebe[79]在分析碎石桩复合地基时，根据半无限弹性体中圆柱孔的横向变形理论得到了沉降折减系数的计算式：

$$\beta' = \frac{1}{1 + m(n - 1)} \tag{1-4}$$

Priebe 推导了桩土应力比 n 随复合地基置换率 m、地基土泊松比和桩内摩擦角变化的解析式。Aboshi[80]、张定[81]和 Chow[82]等人通过复合地基典型单元体的平衡分析和天然地基与群桩复合地基荷载试验成果的相关分析，得到了与 Priebe相同的沉降折减系数计算式。

B　应变修正法

Goughnour[83]在分析碎石桩复合地基时，发现当基础荷载较大时桩体会发生侧向鼓胀，须进行弹塑性分析。考虑到桩体发生塑性变形可能性随深度而变小，建议取典型单元体逐段进行弹塑性分析。分析中假设了桩体为刚塑性材料，服从摩尔—库仑准则。取弹性和塑性分析所获得的应变折减系数大者与未加固时土的垂直应变之积作为复合地基的竖向应变，然后累加逐段计算的压缩量可获得复合地基总沉降量。

C　位移模式法

Alamgir 等人[84]在分析端承桩复合地基时，假定桩和桩间土均为线弹性体，通过选择合适的典型单元体变形模式，利用典型单元体侧面零剪应力和桩土界面位移协调条件，通过各桩、桩间土单元的平衡分析给出了端承桩复合地基中桩和桩周土的附加应力和沉降计算的解析方法。

D　附加应力法

复合地基沉降计算的关键是确定荷载作用下复合地基中竖向附加应力。李静文[85]和李增选[86]等人分别假定桩侧摩阻力沿桩长均布和倒三角形分布（经众多学者研究发现桩侧摩阻力沿桩长呈倒三角形分布模式比较合理），由 Boussinesq解计算桩间土荷载作用下在复合地基土中引起的竖向附加应力；由 Geddes 解[87]计算桩身荷载在复合地基土引起的竖向附加应力，二者叠加作为复合地基中土的竖向附加应力，由分层总和法计算复合地基沉降。宋修广[88]根据粉喷桩复合地基实测受力和变形特征，结合有限元计算分析和联合弹性力学 Mindlin 解和Boussinesq 解，给出了计算附加应力的解析式，用于计算复合地基加固区和下卧层的沉降量。用这种方法求解复合地基中的附加应力，只有在置换率比较小时得到的结果才较为理想。

E　位移协调法

刘利民等人[89]假定复合地基中桩侧摩阻力的分布模式，根据位移协调法基本原理，利用半无限弹性空间中的 Geddes 解和 Boussinesq 解，求出了复合地基中的竖向附加应力，并给出了复合地基沉降的计算方法。

F　双层应力法

池跃君、宋二祥等人[90]在现场试验的基础上，提出一种适用于手算的简化计算方法——双层应力法。这种方法是通过桩间土和下卧层的压缩量来计算复合地基的沉降。计算中假定桩间土和下卧层中的竖向应力分布为两条不同的曲线，分别对应荷载作用于基底和桩端水平时的 Boussinesq 应力解，并利用解析解与数值方法的计算结果来确定土层的应力分配比例，然后统一采用分层总和法来计算复合地基的总沉降。

1.4.2.2　将复合地基分加固区与下卧层压缩量考虑的计算方法

工程中复合地基沉降计算常用的简化方法是将加固区与下卧层压缩量分别考虑，计算加固区的压缩量 S_1 和下卧层的压缩量 S_2，二者叠加作为复合地基的沉降量 S。

A　加固区压缩量计算方法

加固区土层压缩量 S_1 可采用复合模量法、应力修正法和桩身压缩量法等三种方法计算。

a　复合模量法

复合模量法是将由复合地基中桩和桩间土组成的复合土体视为变形等效的均质复合土层，即把复合地基加固区视为具有复合模量和沉降等效的均质复合土层，并以分层总和法计算复合土层的沉降 S_1，其表达式为：

$$S_1 = \sum_1^{n_{sp}} \frac{\Delta \sigma_i}{E_{csi}} \cdot h_i \tag{1-5}$$

式中　$\Delta \sigma_i$——第 i 层复合土上附加应力；

h_i——第 i 层复合土层的厚度；

E_{csi}——第 i 层复合土层的复合变形模量。

复合模量法概念明确，应用方便，其关键是确定均质复合土层的复合模量，由于受许多因素的影响使得复合模量的计算较为困难，许多学者在这方面做了不少工作。盛崇文[91]在分析碎石桩复合地基沉降时，基于荷载试验提出了"沉降模量"的概念。姜前[92]基于碎石桩复合地基单桩和桩间土荷载试验成果，利用复合地基荷载沉降 Q-S 曲线求出复合土层的压缩模量。宋修广[88]提出"过渡层"的概念，通过适当假设，建立推导了复合模量改进计算公式，完善了现有公式的缺陷。何广讷（2001 年）、张定[93]、郑俊杰[94]、王凤池[95]、徐洋[96]、张在明[97]等人对复合模量的确定都提出了一些计算方法。《建筑地基处理技术规范》[98]推荐采用这一方法计算复合土层的沉降，但该方法的缺点是笼统地把加固区看成一层均质复合土层，这样处理无法客观地反映桩土之间荷载相互协调过程，并且桩周土在成桩过程中产生的振动、挤压，使得桩周围一定范围内的土体具有与原状土不同的力学性质，没有考虑沉桩前后土体力学性质的变化，与实际状况不符，且计算时桩土内的应力场无法模拟。事实上桩土之间在填土荷载作用下是一个互相协调、共同承担荷载的过程。

  b 应力修正法

  在复合地基中，桩体的存在使作用于桩间土上的荷载密度比作用于复合地基上的平均荷载密度要小。应力修正法就是根据桩间土分担的荷载，以桩间土减小了的荷载应力，并以桩间土的压缩模量，采用分层总和法计算加固区土层的沉降量 S_1，其表达式为：

$$p_s = \frac{p}{1 + m(n-1)} = \mu_s p \tag{1-6}$$

$$S_1 = \sum_1^{n_{sp}} \frac{\Delta\sigma_{si}}{E_{si}} h_i = \mu_s S_{1s} \tag{1-7}$$

式中 p——作用于复合地基上的平均荷载密度；

   p_s——作用于桩间土上的荷载；

   μ_s——应力修正系数；

   S_{1s}——加固区范围内的土在未加固前在荷载 p 作用下相应的沉降量。

其他符号意义同前。

  应力修正法忽略复合土体中桩体的存在，不考虑桩土之间的相互作用与制约。将复合土体仍视为未加固的原土层，仅将作用的荷载相应减小。当计算下卧层沉降时常易忽略所减小的荷载部分对下卧层沉降的作用，在整体观念上不满足内力与外荷载的平衡条件。实际上应力修正系数难于确定，同时桩间土所分担的荷载是不均匀的，地表以下的土体不仅受体间土表面传来荷载的影响，也受桩侧摩阻力传来荷载的影响，因此不能忽略桩体的存在。

  c 桩身压缩量法

  桩身压缩量法是假定复合土体中的桩体不产生刺入变形及桩侧摩阻力的分布形式，则可通过计算桩身的压缩量来计算加固区土层的压缩量，并认为桩体的压缩量等同于复合地基的沉降量 S_1。例如，假定桩侧摩阻力为均匀分布时，则桩顶荷载 p_p 与桩体的压缩量 S_p 的计算式如下，其值即等同于复合土层沉降 S_1。

$$p_p = \frac{np}{1 + m(n-1)} = \mu_p p \tag{1-8}$$

$$S_1 = S_p = \frac{\mu_p p + p_e}{2E_p} l \tag{1-9}$$

式中　　μ_p——应力集中系数；

　　　　p_e——桩端应力；

　　　　S_p——桩体的压缩量；

　　　　l——桩长。

桩身压缩量法是基于材料力学求压缩杆件变形的原理来计算桩体的压缩量，忽略了桩间土对桩体压缩变形的制约作用，另外桩侧摩阻力的合理分布形式、桩端阻力的大小都很难确定。

B　下卧层沉降计算方法

下卧层沉降计算关键是设法确定比较合适的下卧土层中附加应力的分布形式，然后采用分层总和法计算其沉降量 S_2。现有确定下卧层中附加应力分布的实用方法有应力扩散法、等效实体法、Mindlin-Geddes 法、当量层法四种。

a　应力扩散法

应力扩散法是将复合地基视为由复合土层与下卧层组成的双层土地基。作用于复合地基上的荷载，按一定的扩散角通过复合地基传至下卧层顶面，而获得作用于下卧层顶面上的平均应力及相应的作用范围，并以此计算下卧层中的应力分布，再采用分层总和法计算出下卧层的沉降量 S_2，如图 1-3 所示，其表达式为：

对于空间问题　　$\sigma_b = \dfrac{BLp}{(B + 2h\tan\theta)(L + 2h\tan\theta)}$　　　　　（1-10）

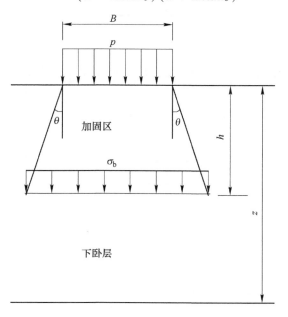

图 1-3　应力扩散法

对于平面应变问题
$$\sigma_b = \frac{BLp}{B + 2h\tan\theta}$$
（1-11）

沉降量计算公式为
$$S_2 = \sum_1^{n_s} \frac{\Delta\sigma_{bi}}{E_{si}} h_i$$
（1-12）

式中　σ_b——下卧层顶面的平均应力；

　　　B，L——分别为荷载宽度和长度；

　　　　h_i——复合土层厚；

　　　　n_s——下卧土层的分层数；

　　　$\Delta\sigma_{bi}$——下卧层 i 层的附加应力增量；

　　　　θ——扩散角。

应力扩散法的关键是如何确定扩散角，至今还没有合适的计算方法。应力扩散角是一个复杂的问题，影响因素有哪些，扩散角到底该取多大，还值得进一步探讨。

　　b　等效实体法

等效实体法是将复合土体视为一局部的等效实体，犹如墩式基础，作用在下卧层上的荷载作用面与作用在复合地基上相同。在等效实体四周作用有侧摩阻力 f，则作用其上的荷载扣除周边摩阻力 f 后，直接传至实体的底面。如图 1-4 所

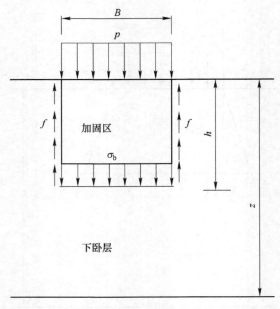

图 1-4　等效实体法

示，故作用于下卧层顶面的应力为：

对于空间问题
$$\sigma_b = \frac{BLp - (2B + 2L)hf}{BL} \tag{1-13}$$

对于平面应变问题
$$\sigma_b = p - \frac{2hf}{B} \tag{1-14}$$

等效实体法中周边摩阻力 f 分布、大小都难以确定和计算。

c Mindlin-Geddes 法

复合地基的荷载按桩土模量比分配至桩和桩间土上，经各自的途径传至下卧土层上。假设桩侧摩阻力的分布形式（一般是假定均布荷载和三角形荷载），桩所承担的荷载按 Mindlin 应力积分解求出下卧层中的应力分布，然后叠加由土分担的荷载。最后按天然地基应力分布的计算方法求出下卧层的应力，以此作为下卧层中总的竖向应力分布。该法中桩侧摩阻力的分布及其对桩间土中应力的作用，以及桩间土分担的荷载仍按天然地基中的应力分布计算，都存在一定的问题。国内的黄绍铭对此法进行了改进，并建议将复合地基的总荷载 P 分解为桩体承担的荷载 P_p 和桩间土承担的荷载 P_s。桩体分担的荷载在地基中引起的附加应力按 Geddes 法计算，桩间土承担的荷载在地基中引起的附加应力按天然地基的布辛斯克解求解。两部分应力的叠加即为复合地基中的附加应力，然后采用分层总和法计算下卧层的压缩量。

d 当量层法

通常将复合土层换算为与下卧层压缩模量相同的当量土层厚度，则将复合的双层地基转化为均质地基，并把荷载作用于当量层顶面来计算下卧层内的应力分布。复合地基实际上可视为上硬下软的双层地基，对于下卧软土层的双层地基，在荷载作用下整个地基内的竖向附加应力分布，将产生分散现象。该方法考虑了上下两层土影响应力分散的主要力学指标——复合土层和桩间土压缩模量之间的差异，直接计算下卧层的应力分布，同时亦可方便地计算出复合土层中的应力分布，其难点是如何确定当量层厚度。何广讷基于复合模量法和当量层法提出了等效模量当层法，该方法不但可以充分考虑复合土层与下卧土层的变形特性，而且也能反映下卧软土层引起整个地基内应力分布的分散性，能够比较方便地计算出复合地基的沉降。

1.5 本书主要研究内容

（1）带帽 PTC 型刚性疏桩复合地基现场足尺试验研究。在苏昆太高速公路 HC-6 标段内进行了现场足尺试验，深入分析试验结果，并在此基础上，对带帽 PTC 型刚性疏桩复合地基力学性状进行全面而深入的研究，完善和发展刚性桩复合地基理论，并为其优化设计提供依据。

（2）带帽 PTC 型刚性疏桩复合地基沉降计算方法分析。正确评价和确定复合地基的承载能力和沉降变形是关系到软土地基处理工程是否安全与经济的重要问题。以实测资料为基础，对带帽 PTC 型刚性疏桩复合地基沉降进行理论与计算方法进行分析研究。

（3）带帽 PTC 型刚性疏桩复合地基荷载传递规律研究。对路堤荷载作用下带帽 PTC 型刚性疏桩复合地基的工作性状、荷载传递、桩土荷载分担比、桩土应力比和复合桩土应力比等进行理论方面的研究，同时通过带帽 PTC 型刚性疏桩复合地基性状数值分析，研究桩长、桩体中心间距、桩帽大小、垫层材料及厚度等因素的影响，为其优化设计提供理论依据。

（4）带帽 PTC 型刚性疏桩复合地基初步设计和优化设计方法研究。带帽 PTC 管桩应用于高速公路处理深厚软土地基工程中，其设计有别于建筑工程设计，目前还没有规范可循，满足稳定和沉降允许值条件下的疏桩尺寸优化，尚无成熟的确定方法，即如何考虑复合桩土应力比、桩土荷载分担比、桩帽大小、桩体中心间距、桩长、垫层厚度的确定，现有的设计主要采用充分发挥桩土共同作用和疏化桩间距的设计方法来进行带帽 PTC 型刚性疏桩复合地基的设计。在前面几章分析基础上，提出带帽 PTC 型刚性疏桩复合地基初步设计和优化设计方法。

1.6　研究意义与研究思路

1.6.1　研究意义

尽管复合地基技术在土木工程中的广泛应用促进了复合地基理论的发展，但是复合地基理论还是远落后于复合地基工程实践。

PTC 型刚性桩作为预应力混凝土桩，其功效和优势在建筑工程桩基中已得到肯定，将其应用于高速公路处理深厚软土地基工程也日益增多。在已有的各种桩型复合地基技术和桩基技术的基础上，江苏省交通基础技术有限公司将配置桩帽的高强度 PTC 型刚性桩应用于高速公路处理深厚软土地基工程中。通过试用，带帽 PTC 型刚性桩处理深厚软土地基，具有处理技术先进、经济效益显著、施工安全可靠等优点，应用推广前景可观，但是目前还没有合适的设计方法和规程规范。现有的设计主要是借鉴摩擦疏桩技术，按照控制沉降设计理论，采用疏化桩间距的设计方法，使用摩擦桩充分发挥桩土共同作用，但是，对带帽 PTC 型刚性疏桩复合地基作用机理还缺乏深入了解，对其承载能力、沉降变形、荷载传递、桩土应力比及桩土间相互作用等力学性状还没有很好分析清楚；带帽 PTC 型刚性疏桩复合地基沉降计算也没有成熟的方法，初步设计的依据及设计时如何考虑桩土荷载分担比、桩土应力比才能使桩土共同作用达到最佳状态都还没有合适的理论；带帽 PTC 型刚性疏桩复合地基的桩长、桩帽大小、桩间距、垫层材料及厚度等方面的确定都还依赖于设计者的经验。因此，加强带帽 PTC 型刚性疏桩复合地基荷载传递机理研究，具有重大的理论意义和社会经济价值。探讨高速公路深厚软基带帽 PTC 型刚性疏桩复合地基优化设计方法，具有较好的工程实践价值。

1.6.2 研究思路

在 PTC 型控沉疏桩复合地基现场足尺试验的基础上，对试验资料进行深入系统地总结分析，同时，根据试验条件和结果建立起合理的沉降计算模型和多种计算模式，运用数学手段，研究其工作机理，寻求沉降变形、荷载传递、桩土应力比、桩侧摩阻力等桩土相互作用方面的一般性规律，从而提出带帽 PTC 型刚性疏桩复合地基沉降计算更合理的计算模式和方法。

充分利用数值分析手段的优势，研究褥垫层的模量及厚度、桩径大小、桩长、桩帽尺寸、桩体中心间距等因素对带帽 PTC 型刚性疏桩复合地基力学性状的影响，为优化设计提供指导作用。

在前人研究的基础上，扬长避短，吸收前人合理的分析方法与研究成果，对带帽 PTC 型刚性疏桩复合地基进行创新研究，力争在沉降计算、荷载传递等方面的理论分析和计算方法上有所突破。

2 带帽 PTC 型刚性疏桩复合地基现场足尺试验研究

为了了解深厚软基带帽 PTC 型刚性疏桩复合地基处理荷载传递特性，探讨带帽 PTC 型刚性疏桩复合地基沉降计算方法，并为其优化设计提供依据，依托江苏省交通厅计划科研项目《苏沪、苏昆太高速公路深厚软土地基综合处理技术研究》，在苏昆太高速公路 HC-6 标段内进行了现场足尺试桩试验。试验段软基处理设计采用先张法预应力混凝土薄壁管桩，选用桩型为 PTC-A400-65，桩长分别为 29m 和 25m，桩体中心间距为 3.0m，呈正方形布置。

2.1　试验目的

（1）确定带帽单桩（不同桩长）复合地基、带帽双桩复合地基竖向承载力和极限承载力。

（2）确定带帽单桩（不同桩长）复合地基、带帽双桩复合地基在竖向荷载作用下桩身轴力分布、土压力分布及其影响深度、桩侧摩阻力分布。

（3）确定带帽单桩（不同桩长）复合地基承受上覆荷载时，桩土荷载分担比、桩土应力比及其变化规律；确定带帽双桩复合地基承受上覆荷载时，桩土荷载分担比、桩土应力比及其变化规律。

（4）观测带帽双桩复合地基承受上覆荷载时，桩帽顶、桩帽下土、桩帽间土、碎石垫层各自的沉降变形及其变化规律、相互间的沉降差异。

2.2　试验概况

2.2.1　地质条件

苏州绕城公路东北段至太仓港区公路，全长 $38 \times 10^3 km$，为 6 车道路段，线路所处地段很大一部分为深厚软土地基。试验段选在苏昆太高速公路 HC-6 标，桩号为 K33+324～K33+419，全长 95m。根据初步的工程地质勘察资料，该段软土的孔隙比为 1.029～1.350，含水量 37.4%～49%，软土的压缩系数为 0.25～0.94MPa^{-1}，属中高压缩性土。补充的静力触探曲线如图 2-1 所示，经分析可知，0～12m 为一硬壳层，软土主要分布在 12～29m，29m 以下为性状较好的粉土层。

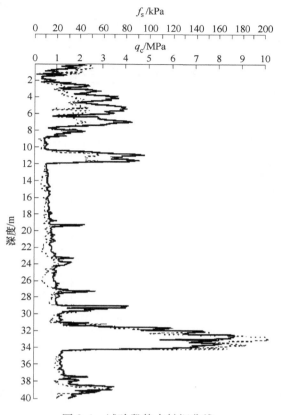

图 2-1　试验段静力触探曲线

原勘察报告认为软土分布在 8.5~19.7m，19.7~29m 为流、软塑状，具中、高压缩性的黏土和亚黏土层，补充静力触探在硬壳层的厚度、软土的分布等与原勘察报告有所差别。根据现场踏勘，试桩区选择在工程桩区外南边，试桩区（K33+354）地层从上往下分别为：

（1）0~1.2m：素填土，灰褐色，可塑~软塑，湿，主要由黏性土组成；（2）1.2~1.7m：粉质黏土，黄褐色，软塑，含铁质氧化物，夹薄层粉土，层厚 5~25mm；（3）1.7~2.8m：粉土，青灰色，饱和，夹粉质黏土，稍松，含少量云母碎片；（4）2.8~8.1m：粉砂，青灰色，饱和，松散，含云母碎片，局部夹粉质黏土，层厚 2~10mm；（5）8.1~8.9m：粉土夹粉质黏土，灰褐色，饱和，稍松，含少量云母碎片；（6）8.9~10.6m：淤泥质粉质黏土，灰色，软塑，很湿，含腐殖质，局部夹粉砂，含少量贝壳碎片；（7）10.6~12.1m：粉土，青灰色，饱和，稍松，含云母碎片和较多砂性颗粒；（8）12.1~26.4m：淤泥质粉质黏土，灰色，饱和，软塑，含少量腐殖质，局部夹粉砂和泥质结核；（9）26.4~31.4m：粉质黏土，灰色，可塑，湿，含少量腐殖质，局部夹粉土薄层；（10）31.4～40.0m：粉土，青灰色，饱和，中密，含云母碎片，局部夹粉质黏土，层厚 2～10mm。

各层土的物理力学指标见表 2-1。

表 2-1　试桩区各层土的物理力学指标

序号	土的名称	含水量 W_o /%	密度 ρ_o /g·cm^{-3}	相对密度 G_s	饱和度 S_r /%	孔隙比 e_o	液限 W_L /%	塑限 W_P /%	塑性指数 I_p	液性指数 I_L	压缩系数 $a_{0.1-0.2}$ /MPa^{-1}	压缩模量 $E_{s0.1-0.2}$ /MPa
1	灰色砂质粉土	30.9	1.92	2.7	99	0.84			13		0.32	5.83
2	灰色粉质黏土	33.9	1.84	2.73	94	0.99	35.8	20.5	15.3	0.88	0.57	3.47
3	灰色黏土	38.3	1.81	2.74	96	1.09	39	20.8	18.2	0.96	0.80	2.62
4	灰色淤泥质黏土	48.3	1.72	2.75	97	1.37	43	22	21	1.25	0.85	2.80
5	灰色粉质黏土	35.8	1.80	2.73	92	1.06	36.4	19.7	16.7	0.96	0.65	3.18
6	绿灰色粉质黏土	24	1.98	2.73	92	0.71	34.5	19	15.5	0.32	0.25	6.97
7	灰色粉质黏土	23.6	1.99	2.72	93	0.69	31	19.1	11.9	0.38	0.21	8.23

2.2.2　试验内容

根据试验目的，依据试验规程规范要求，每级荷载下，需要记录以下内容：

（1）带帽单桩复合地基竖向荷载与沉降量；

（2）带帽单桩（不同桩长）桩身轴力、桩侧土压力；

（3）双桩复合地基竖向荷载与沉降量；

（4）带帽双桩复合地基桩身轴力、桩侧土压力；

（5）带帽双桩复合地基桩帽顶沉降量、桩帽下土与桩帽间土的沉降量。

2.2.3　试验设计

2.2.3.1　试桩区平面布置

根据试验目的，共设计 5 组试验，其中 4 组带帽单桩静载试验，1 组带帽双桩复合地基静载试验。

（1）试桩区的桩型、桩长与试验段所设计的完全相同，均采用 PTC-A400-65，T1 和 T2 桩长 25m，T3、T4、T5、T6 桩长 29m，各桩上部均设置桩帽，桩帽尺寸为 1500mm×1500mm×400mm，桩帽与 PTC 管桩之间通过钢筋笼连接，可视为刚性固定连接。静载试验的反力由锚桩提供，锚桩采用 PHC-B500-65，桩长 31m。各桩顶均与地面持平。

（2）在双桩复合地基四周构造围墙，其长宽高尺寸为 7500mm×4500mm×900mm。在围墙内从地面往上铺设厚度为 600mm 的碎石，夯实整平后铺设钢筋网，钢筋直径 8mm，间距 300mm，再从钢筋网向上铺设厚度为 200mm 的碎石，碎石夯实整平后在其上部浇注 6000mm×3000mm×1500mm 的混凝土载荷板，如图 2-2 所示。

2.2.3.2 测试元件的确定

为了测定桩身轴力、不同深度的桩周土压力，根据试验内容，测试元件确定如下：

（1）在 T2、T3、T4 三根试桩的桩体内部不同位置，预置钢弦式应力计，以测量在荷载作用下桩身轴力的分布及变化情况。

（2）在 T1、T2、T3、T4、T5、T6 等六根试桩的桩侧土体不同深度，埋设土压力盒，以测量在荷载作用下桩帽下土、桩帽间土的土压力分布及变化情况。

（3）在 T5、T6 双桩复合地基的荷载板下、土层表面上埋设 5 根剖面沉降管，测量加载时各级荷载下桩周土的沉降量，如图 2-2 所示。

（4）试桩压桩结束后，在 T5、T6 双桩复合地基的荷载板下两根试桩的桩顶均设置了沉降杆，观测在荷载作用下桩身、荷载板及碎石层的沉降变化情况，确定加荷时桩、土沉降变形差异，分析带帽双桩复合地基工作机理。

2.2.4 仪器测试原理与仪器埋设

2.2.4.1 桩身轴力测试原理与钢筋计的埋设

主要是为了掌握桩顶、桩端轴力以及在不同荷载下其变化规律；同一荷载下，反映地层变化时轴力变化，通过不同深度轴力的差值计算桩侧摩阻力，分析其工作机理。

A 桩身轴力测试原理

在 PTC 桩钢筋笼制作过程中，平行主筋绑扎同规格（直径一致）钢筋，在桩身不同位置安装钢筋应力计，通过钢筋计在各级荷载作用所产生的频率读数，进行应力计算即可得到混凝土内部的钢筋应力。钢筋应力通过下式计算：

$$P_G = K\Delta F + b\Delta T + B$$

式中　P_G——被测钢筋的荷载，kN；

　　　K——钢筋计率定系数，kN/F；

　　　ΔF——钢筋计实测频率模数相对于基准值（初读数）的变化量，F；

　　　ΔT——钢筋计实测时的温度相对于基准值的变化，℃；

　　　b——钢筋计的温度修正系数，MPa/℃；

　　　B——钢筋计的计算修正值，kN；

　　　F——频率模数，$F = f^2 \times 10^{-3}$。

P1-k1、P3-k1、P5-k1、P5-k2组埋设断面

孔内压力盒：4组×5只=20只
地面压力盒：2组×3只+2组×2只+10只=20只

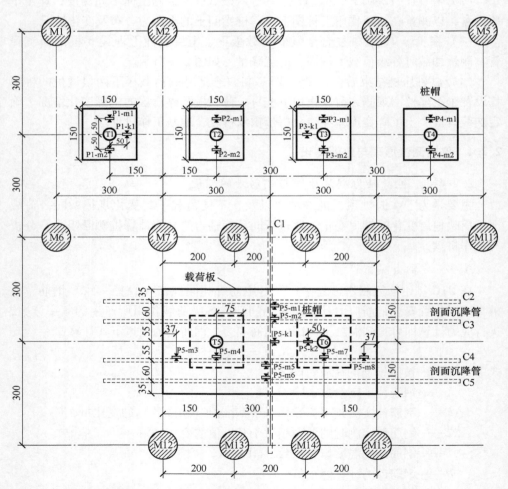

图 2-2　试桩区平面布置及相关测试元件布置图（单位：cm）

B 桩身钢筋计的布置

PTC桩桩身应力计的设置位置主要考虑：反映桩顶、桩端轴力；反映地层变化时轴力变化；同一截面上应最少对称布置两个，桩径较大时可布置两对。本次试桩在T2、T3、T4三根桩上进行轴力测试，在试桩生产过程中预先将钢筋应力计采用捆绑式固定在主筋上。T2桩分别在1m、6m、10m、16m、20m、24m六个断面对称埋设2个钢筋计；T3和T4桩在1m、6m、10m、16m、22m、28m六个断面对称埋设2个钢筋计，如图2-3所示。

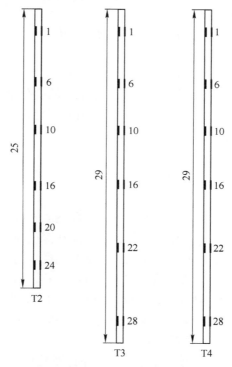

图2-3 桩身钢筋计布置示意图（单位：m）

C 桩身钢筋计的安装步骤

（1）选择测量范围合适、与钢筋直径一致钢筋计；

（2）作好钢筋计的检查、编号和存档工作；

（3）预先将钢筋计连接杆与钢筋对焊焊好，在钢筋计外涂抹凡士林并包上纱布，以便与混凝土脱开；

（4）将电缆沿钢筋笼捆扎牢固（可轻度伸缩），引出笼顶；

（5）管桩制作时不进高温仓，保持在90℃以下水中养护；

（6）施工过程中遇到接桩时应保证电缆连接良好。

2.2.4.2　土压力测试原理及土压力盒的埋设

主要是为了确定单桩复合地基（单桩有桩帽）、双桩复合地基在竖向荷载作用下不同深度土压力分布及其变化规律，掌握土压力的影响深度；确定单桩复合地基、双桩复合地基承受上覆荷载时，桩、土各自荷载分担比、桩土应力比及其变化规律。

A　土压力测试原理

通过测定土压力盒在各级荷载作用所产生的频率读数，进行应力计算即可得到土压力值。土压力通过下式计算：

$$P = K\Delta F + b\Delta T + B$$

式中　　P——被测土压力值，MPa；

　　　　K——仪器标定系数，MPa/F；

　　　ΔF——土压力计实测频率模数相对于基准值的变化量，F；

　　　ΔT——钢筋计实测时的温度相对于基准值的变化，℃；

　　　　b——土压力计温度修正系数，MPa/℃；

　　　　B——土压力计的计算修正值，kN；

　　　　F——频率模数，$F = f^2 \times 10^{-3}$。

B　土压力盒的埋设

当压桩完成后，在试桩不同位置埋设一定数量的土压力盒，可以测量桩基在荷载作用下桩周土压力分布及变化情况，其平面和深度布置如图 2-2 所示。地面土压力盒的埋设较为简单，深部钻孔土压力盒的埋设步骤如下：

（1）在指定位置按规定深度成孔（直径 110mm），钻孔中心距桩中心 50cm。

（2）清除孔底淤泥，放置厚 200mm 的粗砂，用钻具捣实。

（3）先埋设深部土压力盒，用砂回填至上一级压力盒的深度，用钻具捣实后，再埋设上一级压力盒，直至地表。

（4）对每一个土压力盒必须编好号码，并将测线头埋好，以防破坏。

（5）土压力盒埋设完毕，即测试其初始值。

（6）桩周土的应力测试从试桩载荷试验开始时进行，与其同步进行观测。

本次试桩区土压力盒的埋设情况见表 2-2。

表 2-2　苏昆太试桩区土压力盒的埋设情况表

试桩编号	土压力盒编号	备　注
T1	P1-m1（埋深＝0.2m）、P1-m2（埋深＝0.2m） P1-k1（埋深＝0.2m、3m、6m、9m、12m、15m）	土压力盒距试桩中心为 0.5m
T2	P2-m1（埋深＝0.2m）、P2-m2（埋深＝0.2m）	土压力盒距试桩中心为 0.5m
T3	P3-m1（埋深＝0.2m）、P3-m2（埋深＝0.2m） P3-k1（埋深＝0.2m、3m、6m、9m、12m、15m）	土压力盒距试桩中心为 0.5m

试桩编号	土压力盒编号	备　注
T4	P4-m1（埋深＝0.2m）、P2-m2（埋深＝0.2m）	土压力盒距试桩中心为 0.5m
T5、T6	P5-m1（埋深＝0.2m）、P5-m2（埋深＝0.2m） P5-m3（埋深＝0.2m）、P5-m4（埋深＝0.2m） P5-m5（埋深＝0.2m）、P5-m6（埋深＝0.2m） P5-m7（埋深＝0.2m）、P5-m8（埋深＝0.2m） P5-k1（埋深＝0.2m、3m、6m、9m、12m、15m） P5-k2（埋深＝0.2m、3m、6m、9m、12m、15m）	P5-m4、P5-m7 距 T5、T6 为 0.5m； P5-m1、P5-m2、P5-m5、P5-m6 分布于 T5、T6 中垂线上；P5-m3、P5-m8 距 T5、T6 为 1.25m

2.2.4.3　剖面沉降管测试原理及其埋设

在载荷板下埋设 5 根剖面沉降管，实测采样点的位置如图 2-4 所示。其中，SHC1 沿短轴布置，SHC2～SHC5 沿长轴布置，SHC3、SHC4 布置在桩帽下，SHC2、SHC5 布置在桩帽两侧土中。其测试原理是：在各级荷载作用下，采用横坡仪器测定间隔 0.5m 长度上的读数，同步测出各相应剖面沉降管两端固定端点高程的读数，与初读数比较，计算出各测点高程变化，即为各测点的沉降读数。

2.2.5　试验设备与试验方法

2.2.5.1　试验设备

本次试验单桩采用 5000kN 级试验桩架，双桩复合地基采用 8000kN 级试验桩架。

（1）反力系统。选择锚桩横梁反力装置，对加桩帽的单桩，采用 4 锚桩作为反力；对双桩复合桩基采用 8 锚桩作为反力。

（2）加载系统。单桩复合地基试验采用 1 台 5000kN 千斤顶，双桩复合地基试验采用 2 台 5000kN 千斤顶，通过高压油泵联动加载，荷载量由压力传感器和精密压力表控制。

（3）测量系统。单桩复合地基试验在桩帽四角同一水平面上对称布置四只位移传感器，以测量桩帽顶沉降；双桩复合地基试验在荷载板顶面四个角及中边线两处共六处各布置一个位移传感器，在两桩顶位置各布设一个位移传感器。各锚桩安装一只机电百分表，用以测量锚桩上拔量。基准梁采用工字钢，两端搁置于基准桩上，基准桩与锚桩和试桩的距离均大于 2m。

2.2.5.2　试验方法

竖向抗压静载试验按照《建筑基桩检测技术规范》（JGJ106）的规定进行。试验采用慢速维持荷载法，对每一级荷载，须待变形量达到相对稳定后再施加下一级荷载，直到试验最大荷载，然后分级卸荷到零。

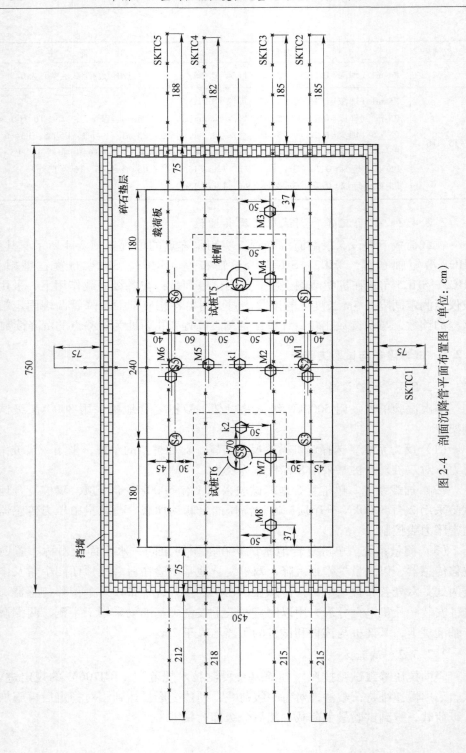

图 2-4　剖面沉降管平面布置图（单位：cm）

（1）加载分级。每级加载为预估极限承载力的1/10～1/15，第一级可按2倍分级荷载加载。

（2）沉降观测测读时间。每级加载后间隔5min、10min、15min、15min、15min各测读一次，以后间隔30min测读一次，每次测读值记入试验记录表。

（3）沉降相对稳定标准。每小时的沉降不超过0.1mm，并连续出现两次。

（4）破坏标准（终止加荷条件）：

1）某级荷载作用下，桩的沉降量为前一级荷载作用下沉降量的5倍。

2）某级荷载下，桩的沉降量是大于其前一级荷载作用下沉降量的2倍，且24h内沿无达到相对稳定。

3）已达到锚桩的最大抗拔力。

4）桩发生急剧的、不停滞的下沉。

5）除满足上述情况之一外，还应满足设计提出的一定沉降量，模拟实际施工状况，达到试桩要求。

（5）卸载。每级卸载量为加载量的2倍。每级卸载后间隔15min、15min、30min各测读一次残余沉降，即可卸下一级荷载，全部卸载后，隔3～4h再读一次。

2.2.6 各桩基极限承载力的估算

在静载荷试验前对单桩复合地基及双桩复合地基的竖向极限承载力进行估算。

2.2.6.1 《建筑桩基技术规范》法

根据中华人民共和国行业标准《建筑桩基技术规范》（JDJ 94—2008），采用双桥探头静力触探资料确定混凝土预制桩单桩竖向极限承载力标准值：

$$Q_{uk} = u \sum l_i \beta_i f_{si} + \alpha q_c A_p$$

式中　f_{si}——桩侧第i层土的探头平均摩阻力；

u，A_p——桩的横断面周长及桩底面积；

q_c——桩端平面上、下探头阻力，取桩端平面以上$4d$（d为桩的直径或边长）范围内按土层厚度的探头阻力加权平均值，然后再和桩端平面以下$1d$范围内的探头阻力进行平均；

α——桩端阻力修正系数，对黏性土、粉土取0.67，饱和砂土取0.5；

β_i——第i层土桩侧阻力综合修正系数，黏性土、粉土：$\beta_i = 10.04 f_{si}^{-0.55}$；砂土：$\beta_i = 5.05 f_{si}^{-0.45}$。

2.2.6.2 上海《地基基础设计规范》法

按上海市工程建设规范《地基基础设计规范》（DGJ 08-11—1999），用静力触探资料确定预制桩的单桩竖向承载力设计值：

$$R_k = R_{sk} + R_{pk} = u_p \sum f_{si}l_i + \alpha_b p_{sb} A_p$$

式中　R_k——单桩竖向极限承载力标准值，kN；

　　　　R_{sk}——桩侧总极限摩阻力标准值，kN；

　　　　R_{pk}——桩端极限阻力标准值，kN；

　　　　α_b——桩端阻力修正系数，按表 2-3 取用；

　　　　f_{si}——用静力触探比贯入阻力估算的桩周各土层的极限摩阻力标准
　　　　　　　值，kPa；

　　　　p_{sb}——桩端附近的静力触探比贯入阻力平均值，kPa。

表 2-3　桩端阻力修正系数 α_b 值

桩长 l/m	$l \leqslant 7$	$7 < l \leqslant 30$	$l > 30$
α_b	2/3	5/6	1

f_s 的取值：

（1）地表下 6m 范围内的浅层土，可取 $f_s = 12$kPa。

（2）黏性土，当 $p_s \leqslant 1000$kPa 时，$f_s = p_s/20$（kPa）；当 $p_s > 1000$kPa 时，$f_s = 0.025 p_s + 25$（kPa）。

（3）粉性土及砂土，$f_s = p_s/50$（kPa）。

式中，p_s 为桩身所穿越土层的比贯入阻力平均值，单位为 kPa。

k33+384 孔按国家、上海规范计算的单桩竖向极限承载力标准值见表 2-4。

表 2-4　k33+384 孔单桩竖向极限承载力标准值计算结果

层号	层面埋深 /m	静探数据			《建筑桩基技术规范》		上海市《地基基础设计规范》	
		平均侧壁摩阻力 f_s/kPa	平均锥尖阻力 q_c/MPa	换算的比贯入阻力 p_s/MPa	极限侧阻力标准值 /kPa	极限侧阻力 /kN	极限侧阻力标准值 /kPa	极限侧阻力 /kN
（1）	0~6	32.11	2.76	3.3	47.83	360.46	12.00	90.43
（2）	6~6.5	18.62	0.8	0.9	37.43	23.51	40.00	25.12
（3）	6.5~12.2	39.2	3.5	4.2	37.98	271.93	70.00	501.14
（4）	12.2~25	14.4	0.98	1.1	33.34	536.04	49.00	787.76
（5）	25~26.2	14.4	0.92	1.1	33.34	50.25	46.00	69.33
（6）	26.2~29	54.3	2.8	3.5	45.44	159.80	56.00	196.94
25m 单桩竖向极限承载力标准值					1274		1507	
29m 单桩竖向极限承载力标准值					1578		1964	

根据以上计算，长度 25m 的 PTC 管桩单桩竖向极限承载力标准值可取1274~

1507kN，长度 29m 的 PTC 管桩单桩竖向极限承载力标准值可取 1578~1964kN。考虑地基土的分担作用（极限承载力按 200kPa 计算），估算单桩有桩帽时竖向极限承载力标准值，长度 25m 时取 1800kN，长度 29m 时取 2150kN，长度 29m 的双桩复合地基（载荷板面积为 3m×6m）竖向极限承载力标准值取 7000kN。

2.3 试验结果整理

2.3.1 各桩静载试验结果

（1）T1、T2、T3、T4 四组单桩静载试验汇总表，见表 2-5、表 2-6，其荷载-沉降曲线分别如图 2-5~图 2-16 所示。

表 2-5 各桩静载荷试验结果汇总表（1）

序号	T1 试桩（荷载等级：250kN）			T2 试桩（荷载等级：200kN）				T3 试桩（荷载等级：300kN）			
	荷载/kN	沉降/mm		荷载/kN	沉降/mm		桩身压缩量/mm	荷载/kN	沉降/mm		桩身压缩量/mm
		本级	累计		本级	累计			本级	累计	
0	0	0.0	0.0	0	0.0	0.0	0.0	0	0.0	0.0	0.0
1	500	1.83	1.83	400	2	2	0.78	600	2.0	2.0	1.24
2	750	1.1	2.93	600	0.9	2.9	1.18	900	1.5	3.5	1.95
3	1000	1.89	4.82	800	1.86	4.76	1.65	1200	2.0	5.5	2.71
4	1250	3.71	8.53	1000	2.28	7.04	2.04	1500	2.2	7.7	3.46
5	1000	-2.04	6.49	1200	1.69	8.73	2.42	1800	3.7	11.4	4.28
6	500	-0.55	5.94	1400	1.65	10.4	2.72	2100	4.9	16.3	5.04
7	0	-2.58	3.36	1600	4.25	14.6	3.10	2400	26.3	42.6	5.29
8	500	1.83	5.19	1800	20.5	35.1	2.90	2700	52.1	94.6	5.05
9	750	1.08	6.27	2000	21.8	56.9	2.95	3000	69.8	164.4	5.01
10	1000	1.25	7.52	2200	30.2	87.1	2.83	2400	-0.9	163.4	
11	1250	1.54	9.06	2400	36.9	124	2.83	1800	-1.7	161.7	
12	1500	3.17	12.23	2600	28.7	153	2.94	1200	-2.4	159.3	
13	1750	3.89	16.12	2200	0.33	153		600	-3.3	155.9	
14	2000	39.4	55.52	1800	-0.8	152		0	-5.0	150.9	
15	2250	48.55	104.07	1400	-1.1	151					
16	2500	54.6	158.67	1000	-1.4	150					
17	2000	-0.79	157.88	600	-1.9	148					
18	1500	-1.46	156.42	200	-2.9	145					

序号	T1 试桩（荷载等级：250kN）			T2 试桩（荷载等级：200kN）				T3 试桩（荷载等级：300kN）			
	荷载/kN	沉降/mm		荷载/kN	沉降/mm		桩身压缩量/mm	荷载/kN	沉降/mm		桩身压缩量/mm
		本级	累计		本级	累计			本级	累计	
19	1000	-1.91	154.51	0	-2.7	142					
20	500	-2.52	151.99								
21	0	-3.93	148.06								

表2-6 各桩静载荷试验结果汇总表（2）

序号	T4 试桩（荷载等级250kN）				T5、T6 试桩（荷载等级：500kN）										
	荷载/kN	沉降/mm		桩身压缩量/mm	荷载/kN	载荷板沉降/mm		T5 桩顶沉降/mm		T6 桩顶沉降/mm		两桩顶平均沉降/mm		沉降差/mm
		本级	累计			本级	累计	本级	累计	本级	累计	本级	累计	
0	0	0.0	0.0	0.0	0	0.00	0.00	0.00	0.00	0.00	0.00	0.0	0.0	0.0
1	500	1.65	1.65	0.95	1000	4.34	4.34	2.01	2.01	2.03	2.03	2.02	2.02	2.32
2	750	0.96	2.61	1.50	1500	2.96	7.30	0.57	2.58	0.72	2.75	0.65	2.67	4.63
3	1000	1.65	4.26	2.08	2000	3.70	11.00	0.77	3.35	0.91	3.66	0.84	3.51	7.49
4	1250	1.25	5.51	2.61	2500	4.69	15.69	1.63	4.98	2.08	5.74	1.86	5.36	10.33
5	1500	1.88	7.39	3.20	3000	7.75	23.44	3.94	8.92	4.53	10.27	4.24	9.60	13.84
6	1750	2.25	9.64	3.77	3500	6.27	29.71	3	11.92	3.71	13.98	3.36	12.96	16.75
7	2000	2.75	12.4	4.33	4000	6.95	36.66	4.47	16.39	5.31	19.29	4.89	17.85	18.81
8	2250	5.63	18	4.90	4500	11.26	47.92	8.58	24.97	10.47	29.76	9.53	27.38	20.54
9	2500	31.2	49.2	4.82	5000	22.00	69.92	20.35	45.32	22.03	51.79	21.19	48.57	21.35
10	2750	38.3	87.6	4.76	5500	20.17	90.09	18.67	63.99	19.56	71.35	19.12	67.69	22.40
11	3000	1.84	89.4	4.61	6000	20.92	111.01	19.47	83.46	20.28	91.63	19.88	87.57	23.44
12	0	-4.4	85.1		6500	21.80	132.81	20.39	103.85	21.08	112.71	20.74	108.31	24.50
13	500	1.41	86.5		5500	-0.56	132.25	-0.59	103.26	-0.59	112.12	-0.59	107.72	24.53
14	750	0.91	87.4		4500	-1.05	131.20	-0.95	102.31	-1.00	111.12	-0.98	106.74	24.46
15	1000	1	88.4		3500	-1.33	129.87	-1.15	101.16	-1.23	109.89	-1.19	105.55	24.32
16	1250	1.1	89.5		2500	-1.56	128.31	-1.40	99.76	-1.37	108.52	-1.39	104.16	24.15
17	1500	1.1	90.6		1500	-2.11	126.20	-1.90	97.86	-1.90	106.62	-1.9	102.26	23.94
18	1750	1.18	91.8		500	-2.98	123.22	-2.51	95.35	-2.65	103.97	-2.58	99.68	23.54
19	2000	1.23	93		0	-2.33	120.89	-1.93	93.42	-2.07	101.90	-2	97.68	23.21
20	2250	1.5	94.5		1000	1.26	122.15	1.09	94.51	1.12	103.02	1.11	98.79	23.36
21	2500	8.43	103		1500	0.91	123.06	0.74	95.25	0.79	103.81	0.77	99.56	23.50

序号	T4 试桩（荷载等级250kN）				T5、T6 试桩（荷载等级：500kN）									
	荷载/kN	沉降/mm		桩身压缩量/mm	荷载/kN	载荷板沉降/mm		T5桩顶沉降/mm		T6桩顶沉降/mm		两桩顶平均沉降/mm		沉降差/mm
		本级	累计			本级	累计	本级	累计	本级	累计	本级	累计	
22	2750	64.1	167		2000	0.94	124.00	0.77	96.02	0.88	104.69	0.83	100.39	23.61
23	3000	64	231		2500	2.07	126.07	1.98	98.00	2.04	106.73	2.01	102.40	23.67
24	2500	-11	220		3000	0.66	126.73	0.52	98.52	0.57	107.30	0.55	102.95	23.78
25	2000	-0.8	219		3500	0.65	127.38	0.54	99.06	0.60	107.90	0.57	103.52	23.86
26	1500	-0.2	219		4000	0.47	127.85	0.32	99.38	0.37	108.27	0.35	103.87	23.98
27	1000	-0.1	219		4500	0.65	128.50	0.47	99.85	0.58	108.85	0.53	104.40	24.1
28	500	-0.1	219		5000	0.71	129.21	0.56	100.41	0.63	109.48	0.6	105.0	24.21
29	0	-0.2	218		5500	1.61	130.82	1.28	101.69	1.63	111.11	1.46	106.46	24.36
30					6000	4.82	135.64	4.64	106.33	4.95	116.06	4.8	111.26	24.38
31					6500	4.91	140.55	4.59	110.92	5.12	121.18	4.89	116.15	24.4
32					7000	10.99	151.54	10.48	121.40	11.31	132.49	10.9	127.05	24.49
33					6000	-0.05	151.49	-0.07	121.33	-0.05	132.44	-0.06	126.99	24.5
34					5000	-0.73	150.76	-0.68	120.65	-0.72	131.72	-0.7	126.29	24.47
35					4000	-0.94	149.82	-0.84	119.81	-0.93	130.79	-0.89	125.40	24.42
36					3000	-1.46	148.36	-1.35	118.46	-1.37	129.42	-1.36	124.04	24.32
37					2000	-1.90	146.46	-1.73	116.73	-1.77	127.65	-1.75	122.29	24.17
38					1000	-2.31	144.15	-2.07	114.66	-2.11	125.54	-2.09	120.20	23.95
39					0	-3.71	140.44	-3.13	111.53	-3.40	122.14	-3.27	116.9	23.54

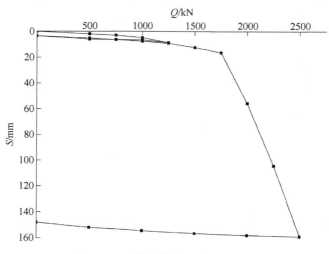

图 2-5 T1 桩静载荷试验 Q-S 曲线

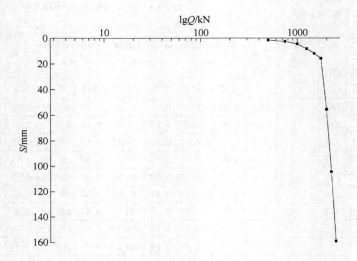

图 2-6 T1 桩静载荷试验 S-$\lg Q$ 曲线

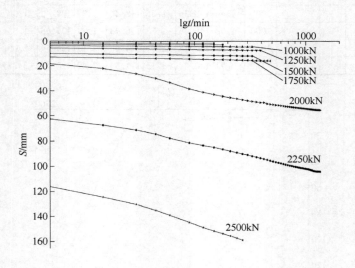

图 2-7 T1 桩静载荷试验 S-$\lg t$ 曲线

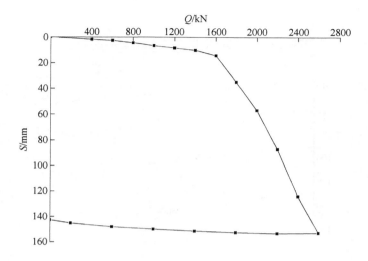

图 2-8 T2 桩静载荷试验 Q-S 曲线

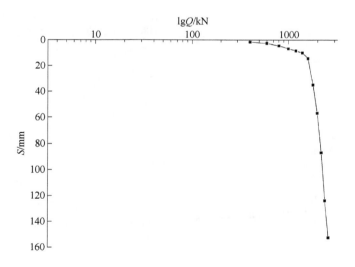

图 2-9 T2 桩静载荷试验 S-$\lg Q$ 曲线

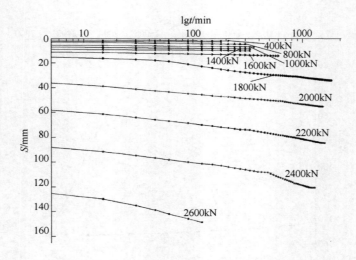

图 2-10　T2 桩静载荷试验 S-$\lg t$ 曲线

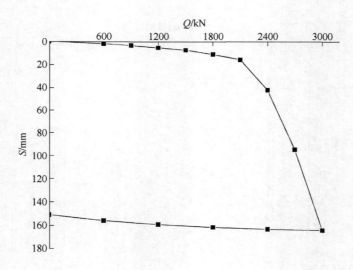

图 2-11　T3 桩静载荷试验 Q-S 曲线

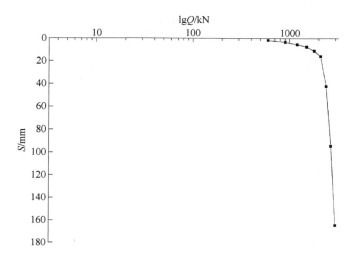

图 2-12 T3 桩静载荷试验 S-$\lg Q$ 曲线

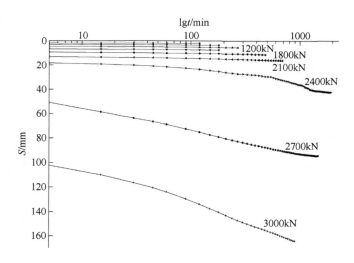

图 2-13 T3 桩静载荷试验 S-$\lg t$ 曲线

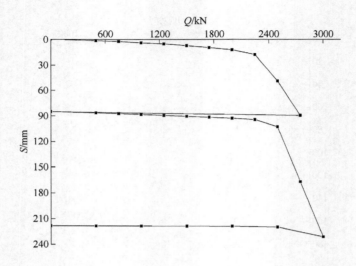

图 2-14　T4 桩静载荷试验 Q-S 曲线

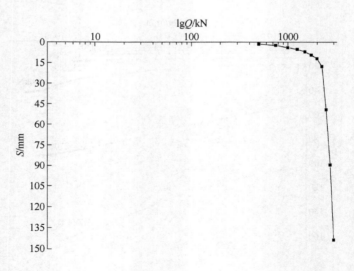

图 2-15　T4 桩静载荷试验 S-lg$Q$ 曲线

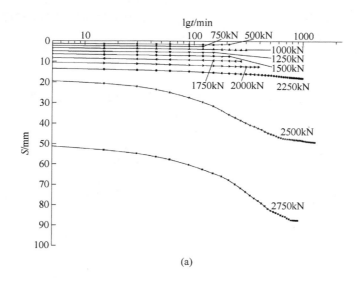

(a)

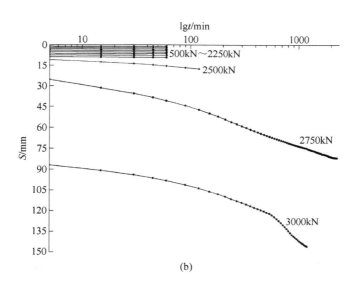

(b)

图 2-16 T4 桩静载荷试验 $S\text{-lg}t$ 曲线

（a）第一次加载；（b）第二次加载

（2）双桩复合地基静载试验汇总表见表 2-6，其 *Q-S* 曲线、*S*-lg*Q* 曲线、*S*-lg*t* 曲线如图 2-17~图 2-19 所示；载荷板与桩帽顶平均沉降之间的沉降差随荷载变化曲线如图 2-20 所示。

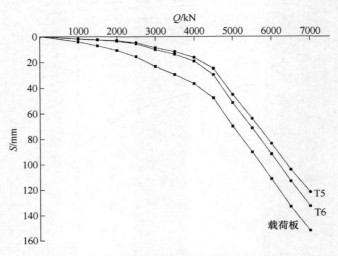

图 2-17 双桩复合地基静载荷试验 *Q-S* 曲线

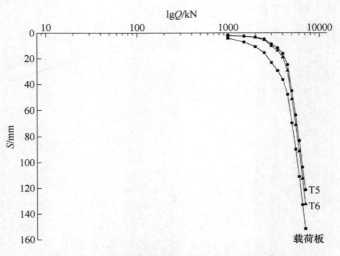

图 2-18 双桩复合地基静载荷试验 *S*-lg*Q* 曲线

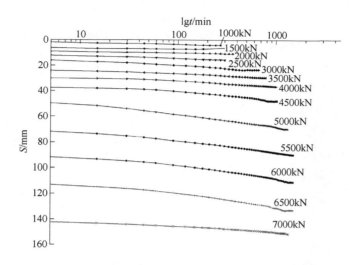

图 2-19　双桩复合地基静载荷试验 S-lg$t$ 曲线

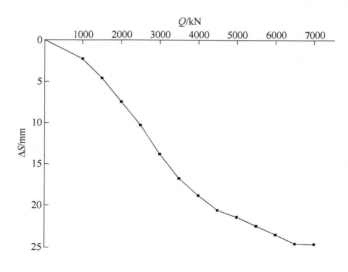

图 2-20　沉降差（上刺量）与荷载关系曲线

（3）五组试桩载荷试验 $Q\text{-}S$ 曲线如图 2-21 所示。

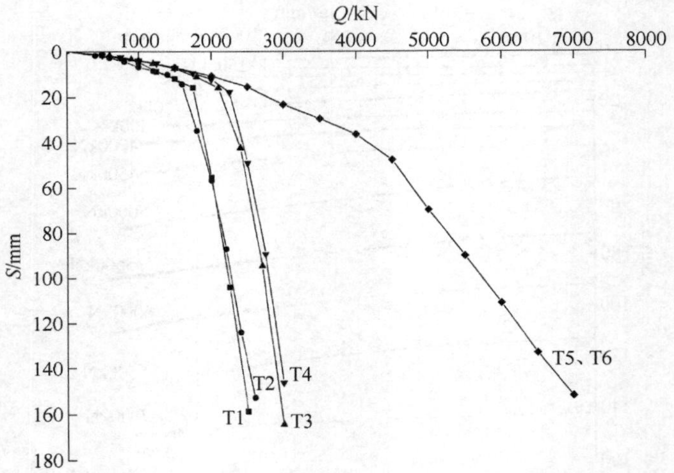

图 2-21　五组试桩竖向静载荷试验的 $Q\text{-}S$ 曲线对比

2.3.2　桩身轴力测试结果

根据钢筋计的实测计算，T2、T3、T4 三单桩加载时，不同深度、不同荷载桩身轴力同表 2-7~表 2-9，各单桩桩身轴力随深度变化曲线，如图 2-22~图 2-24 所示。

表 2-7　T2 试桩（带桩帽）加载时不同深度轴力汇总表

荷载 /kN	不同深度处轴力/kN							不同深度处轴力占总荷载的百分比/%						
	0m	6m	10m	16m	20m	24m	桩端反力	0m	6m	10m	16m	20m	24m	桩端反力
400	363.1	239.9	136.3	77.1	35.0	11.3	8.3	90.78	59.98	34.08	19.28	8.75	2.83	2.08
600	545.3	366.1	212.4	115.5	52.3	17.1	12.7	90.88	61.01	35.40	19.25	8.71	2.85	2.12
800	730.9	525.5	307.2	153.3	63.8	20.2	14.8	91.36	65.68	38.39	19.16	7.97	2.53	1.84
1000	917.2	653.4	383.5	187.3	74.2	23.0	16.6	91.72	65.34	38.35	18.73	7.42	2.30	1.66
1200	1100.1	769.5	454.4	218.9	84.8	25.8	18.4	91.68	64.13	37.87	18.24	7.07	2.15	1.53
1400	1283.9	851.2	505.4	241.2	92.3	28.7	20.7	91.71	60.80	36.10	17.23	6.59	2.05	1.48
1600	1447.7	985.1	577.0	271.7	102.9	31.3	22.3	90.48	61.57	36.06	16.98	6.43	1.95	1.39
1800	1107.4	992.5	574.6	261.7	100.5	38.5	30.8	61.52	55.14	31.92	14.54	5.58	2.14	1.71
2000	1258.4	985.7	567.2	252.0	94.8	33.9	26.3	62.92	49.28	28.36	12.60	4.74	1.70	1.31
2200	1109.9	975.4	558.2	239.1	91.4	37.1	30.3	50.45	44.33	25.37	10.87	4.15	1.68	1.38
2400	1124.7	975.0	556.3	233.4	92.2	40.8	34.3	46.86	40.63	23.18	9.73	3.84	1.70	1.43
2600	1182.0	993.8	573.6	247.5	107.1	54.9	48.3	45.46	38.22	22.05	9.52	4.12	2.11	1.86

表 2-8　T3 试桩（带桩帽）加载时不同深度轴力汇总表

荷载 /kN	不同深度处轴力/kN						不同深度处轴力占总荷载的百分比/%					
	0m	10m	16m	22m	28m	桩端反力	0m	10m	16m	22m	28m	桩端反力
600	572.3	261.8	137.3	58.2	12.2	8.4	95.38	43.63	22.89	9.69	2.03	1.40
900	851.6	440.1	221.0	101.1	17.9	11.0	94.62	48.90	24.56	11.23	1.99	1.22
1200	1132.5	639.3	312.2	147.2	21.6	11.1	94.38	53.27	26.01	12.27	1.80	0.93
1500	1409.1	831.8	396.0	197.5	28.1	14.0	93.94	55.45	26.40	13.16	1.87	0.93
1800	1689.3	1061.9	488.5	249.2	30.4	12.2	93.85	58.99	27.14	13.84	1.69	0.68
2100	1934.4	1290.6	575.5	294.7	28.8	6.6	92.11	61.46	27.40	14.03	1.37	0.32
2400	1896.4	1411.1	643.6	307.7	22.8	3.8	79.02	58.80	26.82	12.82	0.95	0.16
2700	1688.6	1398.1	638.3	304.0	28.8	5.9	62.54	51.78	23.64	11.26	1.07	0.22
3000	1618.9	1394.8	640.0	315.0	53.8	32.0	53.96	46.49	21.33	10.50	1.79	1.07

表 2-9　T4 试桩（带桩帽）加载时不同深度轴力汇总表

荷载 /kN	不同深度处轴力/kN							不同深度处轴力占总荷载的百分比/%					
	0m	6m	10m	16m	22m	28m	桩端反力	0m	6m	10m	16m	22m	28m	桩端反力
500	468.5	259.6	204.9	112.9	53.5	11.7	8.2	93.70	51.92	40.98	22.58	10.69	2.33	1.63
750	694.6	406.5	331.5	189.0	90.5	17.3	11.2	92.61	54.20	44.20	25.19	12.06	2.31	1.49
1000	928.7	564.3	467.7	274.7	127.3	20.6	11.7	92.87	56.43	46.77	27.47	12.73	2.06	1.17
1250	1156.4	697.6	584.4	350.4	165.0	26.6	15.1	92.51	55.81	46.75	28.03	13.20	2.13	1.21
1500	1380.7	859.3	723.0	440.2	207.6	31.3	16.6	92.05	57.29	48.20	29.35	13.84	2.09	1.11
1750	1599.5	1017.7	857.2	524.7	248.7	36.9	19.4	91.40	58.15	48.98	29.98	14.21	2.11	1.10
2000	1810.3	1170.7	985.9	604.3	288.4	40.9	20.3	90.52	58.54	49.30	30.22	14.42	2.05	1.01
2250	1977.7	1322.8	1138.2	704.8	331.2	43.7	19.7	87.90	58.79	50.59	31.32	14.72	1.94	0.88
2500	1839.6	1328.9	1144.8	712.0	317.7	35.3	11.7	73.58	53.15	45.79	28.48	12.71	1.41	0.47
2750	1755.0	1330.5	1146.2	708.5	315.5	38.9	15.9	63.82	48.38	41.68	25.76	11.47	1.41	0.58
3000		1295.3	1151.4	715.2	325.3	65.8	44.2		43.18	38.38	23.84	10.84	2.19	1.47

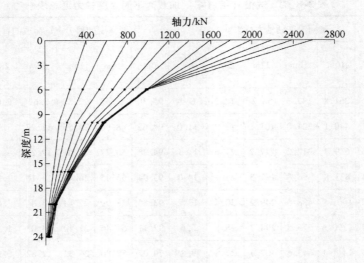

图 2-22　T2 桩身轴力随深度变化曲线

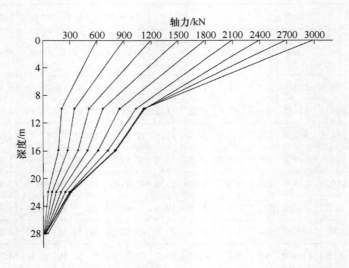

图 2-23　T3 桩身轴力随深度变化曲线

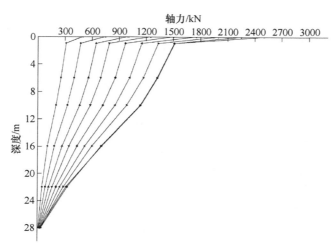

图 2-24 T4 桩身轴力随深度变化曲线

2.3.3 桩周土压力测试结果

（1）单桩桩周地表土压力随荷载变化曲线，如图 2-25~图 2-28 所示。

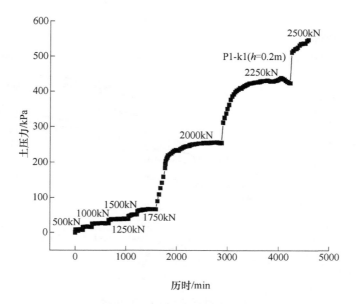

图 2-25 T1 桩周地表土压力-历时曲线

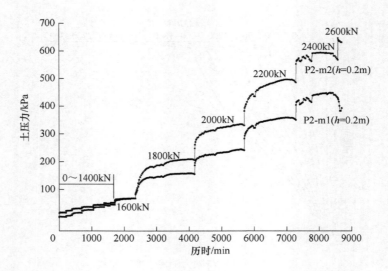

图 2-26　T2 桩周地表土压力-历时曲线

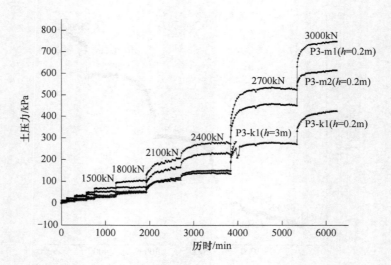

图 2-27　T3 桩周地表土压力-历时曲线

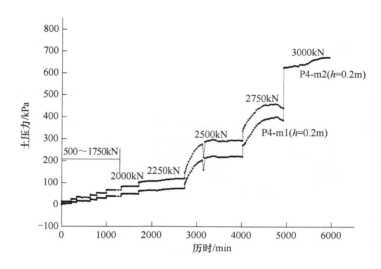

图 2-28 T4 桩周地表土压力-历时曲线

（2）单桩桩周深层土压力随荷载变化曲线，如图 2-29、图 2-30 所示。

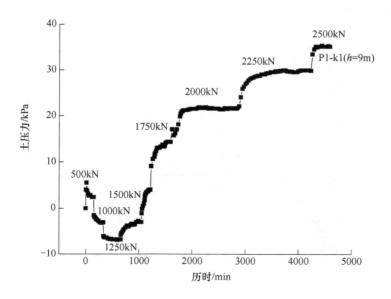

图 2-29 T1 桩周深层土压力-历时曲线

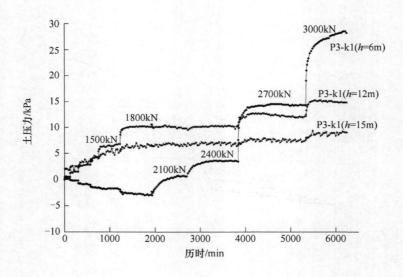

图 2-30　T3 桩周深层土压力-历时曲线

（3）双桩复合地基桩周地表土压力随荷载变化曲线，如图 2-31、图 2-32 所示。

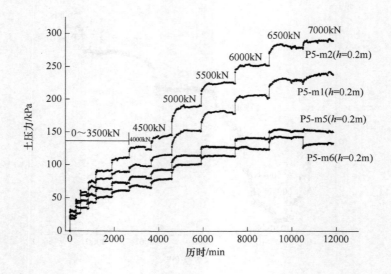

图 2-31　T5、T6 桩周地表土压力-历时曲线

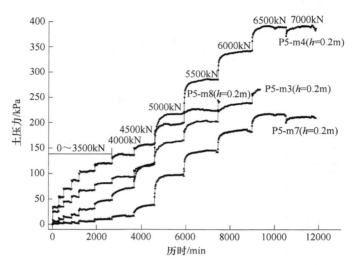

图 2-32 T5、T6 桩周地表土压力-历时曲线

（m3 和 m8 为桩帽间，m4 和 m7 为桩帽下土压力盒）

（4）双桩复合地基桩周土深层压力随荷载变化曲线，如图 2-33 所示。

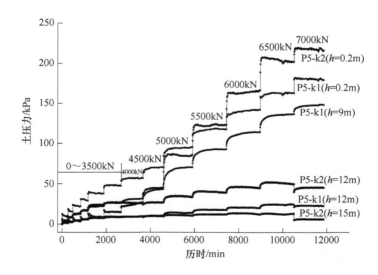

图 2-33 T5、T6 桩周深层土压力-历时曲线

（5）单桩复合地基桩周土压力随深度的变化曲线，如图 2-34 所示。

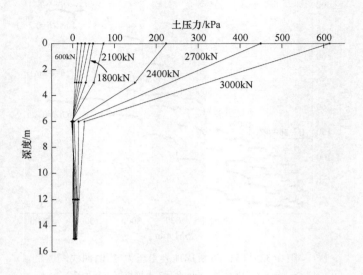

图 2-34　T3 桩周土压力随深度的变化曲线

（6）双桩复合地基桩周土压力随深度的变化曲线，如图 2-35 所示。

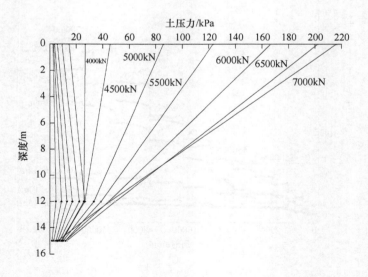

图 2-35　复合地基 T6 桩周土压力随深度的变化曲线

（7）五组试桩的地表土压力随荷载的变化曲线，如图 2-36 所示。

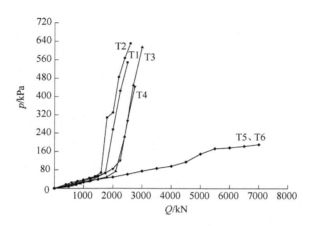

图 2-36　五组试桩的地表土压力随荷载的变化曲线

（8）T5 或 T6 单桩复合地基桩帽间土体与桩帽下土体分担荷载比较与荷载水平关系曲线，如图 2-37 所示。

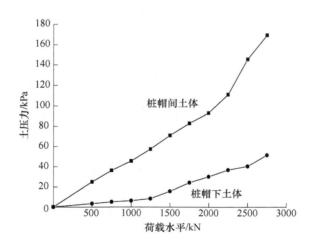

图 2-37　T5 或 T6 桩帽下土体与桩帽间土体承载比较

2.3.4　桩侧摩阻力分布

单桩桩侧摩阻力随荷载变化曲线，如图 2-38、图 2-39 所示。

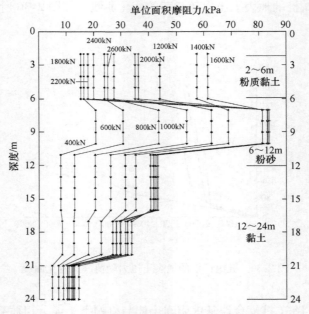

图 2-38　T2 桩侧摩阻力随深度的变化曲线

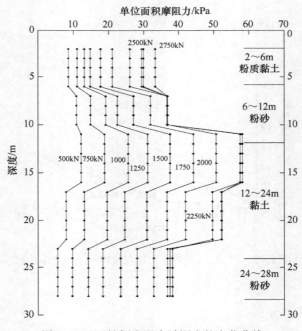

图 2-39　T4 桩侧摩阻力随深度的变化曲线

2.3.5 桩土荷载分担比与桩土应力比

（1）各单桩桩土荷载分担比、桩土应力比，分别见表2-10～表2-13，其与荷载关系曲线，分别如图2-40、图2-41所示。

表2-10 T1试桩静载试验实测荷载分担比、桩土应力比汇总表

总荷载 Q/kN	沉降 S/mm	土承担荷载 P_s/kN	桩承担荷载 P_p/kN	地表土应力 σ_s/kPa	桩顶应力 σ_s/kPa	土荷载分担比 δ_s/%	桩荷载分担比 δ_p/%	桩土应力比 n
500	1.83	17.1	482.9	7.6	3844.7	3.42	96.58	505.89
750	2.93	34.7	715.3	15.4	5695.1	4.63	95.37	369.28
1000	4.82	59.6	940.4	26.5	7487.3	5.96	94.04	282.66
1250	9.06	73.6	1176.4	32.7	9366.2	5.89	94.11	286.33
1500	12.23	116.1	1383.9	51.6	11018.3	7.74	92.26	213.53
1750	16.12	149.0	1601.0	66.2	12746.8	8.51	91.49	192.49
2000	55.52	574.2	1425.8	255.2	11351.9	28.71	71.29	44.48
2250	104.07	953.6	1296.4	423.8	10321.7	42.38	57.62	24.35
2500	158.67	1232.1	1267.9	547.6	10094.7	49.28	50.72	18.43

表2-11 T2试桩静载试验实测荷载分担比、桩土应力比汇总表

总荷载 Q/kN	沉降 S/mm	土承担荷载 P_s/kN	桩承担荷载 P_p/kN	地表土应力 σ_s/kPa	桩顶应力 σ_s/kPa	土荷载分担比 δ_s/%	桩荷载分担比 δ_p/%	桩土应力比 n
400	2.00	36.9	363.1	16.4	2890.9	9.23	90.78	176.28
600	2.90	54.7	545.3	24.3	4341.6	9.12	90.88	178.58
800	4.76	69.1	730.9	30.7	5819.3	8.64	91.36	189.48
1000	7.04	82.8	917.2	36.8	7302.5	8.28	91.72	198.44
1200	8.73	99.9	1100.1	44.4	8758.8	8.33	91.68	197.27
1400	10.38	116.1	1283.9	51.6	10222.1	8.29	91.71	198.10
1600	14.63	152.3	1447.7	67.7	11526.3	9.52	90.48	170.28
1800	35.11	692.6	1107.4	307.8	8816.9	38.48	61.52	28.64
2000	56.92	741.6	1258.4	329.6	10019.1	37.08	62.92	30.40
2200	87.10	1090.1	1109.9	484.5	8836.8	49.55	50.45	18.24
2400	123.96	1275.3	1124.7	566.8	8954.6	53.14	46.86	15.80
2600	152.66	1418.0	1182.0	630.2	9410.8	54.54	45.46	14.93

表 2-12 T3 试桩静载试验实测荷载分担比、桩土应力比汇总表

总荷载 Q/kN	沉降 S/mm	土承担荷载 P_s/kN	桩承担荷载 P_p/kN	地表土应力 σ_s/kPa	桩顶应力 σ_s/kPa	土荷载分担比 δ_s/%	桩荷载分担比 δ_p/%	桩土应力比 n
600	2.01	27.7	572.3	12.3	4556.5	4.62	95.38	370.12
900	3.54	48.4	851.6	21.5	6780.3	5.38	94.62	315.20
1200	5.54	67.5	1132.5	30.0	9016.7	5.63	94.38	300.56
1500	7.69	90.9	1409.1	40.4	11218.9	6.06	93.94	277.70
1800	11.39	110.7	1689.3	49.2	13449.8	6.15	93.85	273.37
2100	16.27	165.6	1934.4	73.6	15401.3	7.89	92.11	209.26
2400	42.55	503.6	1896.4	223.8	15098.7	20.98	79.02	67.46
2700	94.60	1011.4	1688.6	449.5	13444.3	37.46	62.54	29.91
3000	164.35	1381.1	1618.9	613.8	12889.3	46.04	53.96	21.00

表 2-13 T4 试桩静载试验实测荷载分担比、桩土应力比汇总表

总荷载 Q/kN	沉降 S/mm	土承担荷载 P_s/kN	桩承担荷载 P_p/kN	地表土应力 σ_s/kPa	桩顶应力 σ_s/kPa	土荷载分担比 δ_s/%	桩荷载分担比 δ_p/%	桩土应力比 n
500	1.65	31.5	468.5	14.0	3730.1	6.30	93.70	266.44
750	2.61	55.4	694.6	24.6	5530.3	7.39	92.61	224.60
1000	4.26	71.3	928.7	31.7	7394.1	7.13	92.87	233.33
1250	5.51	93.6	1156.4	41.6	9207.0	7.49	92.51	221.32
1500	7.39	119.3	1380.7	53.0	10992.8	7.95	92.05	207.33
1750	9.64	150.5	1599.5	66.9	12734.9	8.60	91.40	190.39
2000	12.39	189.7	1810.3	84.3	14413.2	9.49	90.52	170.95
2250	18.02	272.3	1977.7	121.0	15746.0	12.10	87.90	130.11
2500	49.22	660.4	1839.6	293.5	14646.5	26.42	73.58	49.90
2750	87.56	995.0	1755.0	442.2	13972.9	36.18	63.82	31.60

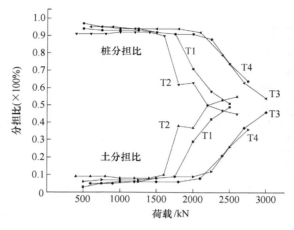

图 2-40 各单桩桩土荷载分担比曲线

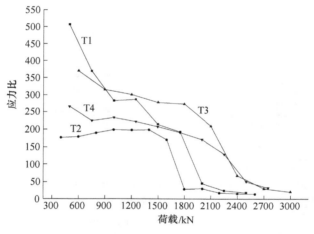

图 2-41 各单桩桩土应力比与荷载关系曲线

（2）双桩复合地基桩土荷载分担比、桩土应力比见表 2-14，其与荷载关系曲线，分别如图 2-42、图 2-43 所示。

表 2-14 双桩复合地基静载试验实测荷载分担比、桩土应力比汇总表（0.1256m²）

总荷载 Q/kN	沉降 S/mm	土承担 荷载 P_s/kN	双桩承 担荷载 P_p/kN	地表 土应力 σ_s/kPa	桩顶应力 σ_s/kPa	土荷载 分担比 δ_s/%	桩荷载 分担比 δ_p/%	桩土应力比 n
1000	4.34	385.2	614.8	21.4	2447.5	38.52	61.48	114.4
1500	7.30	553.3	946.7	30.7	3768.8	36.89	63.12	122.6
2000	11.00	692.4	1307.6	38.5	5205.3	34.62	65.38	135.3
2500	15.69	868.4	1631.6	48.2	6495.3	34.74	65.26	134.6

续表 2-14

总荷载 Q/kN	沉降 S/mm	土承担荷载 P_s/kN	双桩承担荷载 P_p/kN	地表土应力 σ_s/kPa	桩顶应力 σ_s/kPa	土荷载分担比 δ_s/%	桩荷载分担比 δ_p/%	桩土应力比 n
3000	23.44	1095.9	1904.1	60.9	7580.2	36.53	63.47	124.5
3500	29.71	1301.5	2198.5	72.3	8751.9	37.19	62.81	121.0
4000	36.66	1507.8	2492.2	83.8	9921.0	37.70	62.30	118.4
4500	47.92	1913.9	2586.2	106.3	10295.2	42.53	57.47	96.8
5000	69.92	2717.1	2282.9	151.0	9088.0	54.34	45.66	60.2
5500	90.09	3280.4	2219.6	182.2	8836.0	59.64	40.36	48.5
6000	111.01	3551.5	2448.5	197.3	9747.2	59.19	40.81	49.4
6500	132.81	3816.9	2683.1	212.1	10681.1	58.72	41.28	50.4
7000	151.54	3924.2	3075.8	218.0	12244.3	56.06	43.94	56.2

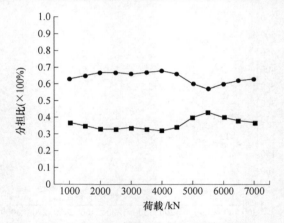

图 2-42 T5、T6 桩桩土荷载分担比曲线

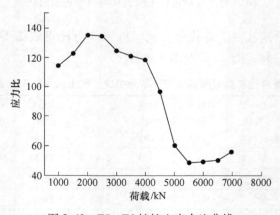

图 2-43 T5、T6 桩桩土应力比曲线

2.3.6 剖面沉降观测

2.3.6.1 桩帽下土体与桩帽顶的沉降差

将 T5、T6 试桩桩帽顶沉降量与桩帽下土沉降量进行对比，可以得出桩帽下土体与帽顶梁的沉降差（见表 2-15）。

表 2-15 复合地基桩顶沉降横剖管测试成果分析对照表

荷载/kN	T5 试桩			T6 试桩			载荷板沉降/mm	桩身压缩量/mm
	桩帽顶沉降/mm	桩帽下土沉降/mm	差值/mm	桩帽顶沉降/mm	桩帽下土沉降/mm	差值/mm		
0	0.00	0.00	0.00	0.00	0.00	0.00	0.00	0.00
2000	3.35	5.80	−2.45	3.66	5.94	−2.28	11.00	
4000	16.39	25.03	−8.64	19.29	25.70	−6.41	36.66	
4500	24.97	32.67	−7.7	29.76	35.74	−5.98	47.92	
5000	45.32	56.08	−10.76	51.79	60.16	−8.37	69.92	
5500	63.99	79.05	−15.06	71.35	83.93	−12.58	90.09	
6000	83.46	101.69	−18.23	91.63	106.79	−15.16	111.01	
6500	103.85	139.70	−35.85	112.71	145.73	−33.02	132.81	
7000	121.40	155.91	−34.51	132.49	160.34	−27.85	151.54	

2.3.6.2 各剖面沉降管变化曲线

各剖面沉降管变化曲线如图 2-44～图 2-48 所示。

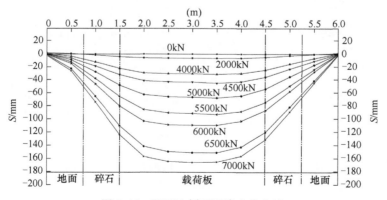

图 2-44 SKTC1 剖面沉降变化曲线

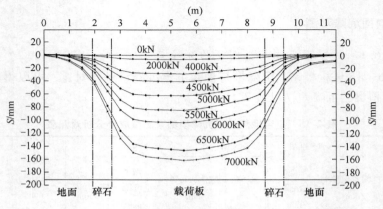

图 2-45　SKTC2 剖面沉降变化曲线

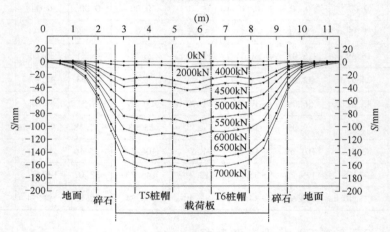

图 2-46　SKTC4 剖面沉降变化曲线

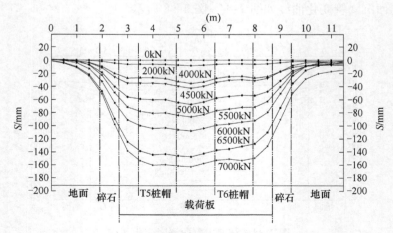

图 2-47　SKTC3 剖面沉降变化曲线

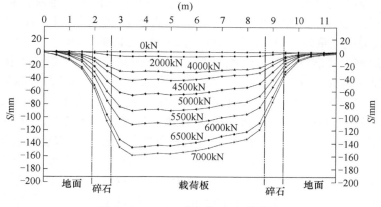

图 2-48 SKTC5 剖面沉降变化曲线

2.4 试验结果分析

2.4.1 荷载-沉降曲线

五组试桩静载荷沉降曲线如图 2-5～图 2-21 所示，结果整理见表 2-16。

表 2-16 各桩（带桩帽）竖向静载荷试验结果汇总表

桩号	桩长 /m	桩径 /mm	加荷分级 /kN	最大荷载 /kN	极限承载力 /kN	回弹率/%	确定方法	处理面积 /m²	加载面积 /m²	极限荷载对应沉降量 /mm	设计荷载 /kN	设计荷载对应沉降量 /mm	载荷板体积 /m³	估算承载力标准值	
														单桩	桩带桩帽
T1	25.0	400	250	2500	1750	6.83	$S\text{-}lgt$	3×3	2.25	16.1	860	4.82	无	1400	1800
T2	25.0	400	200	2600	1600	6.86	$Q\text{-}S$	3×3	2.25	14.6	860	7.04	无	1400	1800
T3	29.0	400	300	3000	2100	8.18	$S\text{-}lgt$	3×3	2.25	16.3	860	3.50	无	1750	2150
T4	29.0	400	250	3000	2250	8.71	$S\text{-}lgt$	3×3	2.25	18	860	4.26	无	1750	2150
T5、T6	29.0	400	500	7000	7000	8.98		3×6	18	151.5	1720	4.34	27		7000

注：T5、T6 双桩复合地基载荷试验，当荷载为最大试验荷载 7000kN 时，实际沉降量为 151.54mm，仍未破坏。目前对大型复合地基载荷板试验尚无相应的规范规定极限承载力的取值方法，故取最大试验载荷 7000kN 为其极限承载力。

经分析可知，单桩极限承载力的试验结果与由静探资料计算值相近，单桩的极限承载力与桩长、加载等级、桩侧摩阻力的发挥度等因素有关，一般单桩的极限承载力随桩长增大而提高，长桩型复合地基比短桩型复合地基控制沉降变形的性能要好。各桩的回弹率也与桩长有关。表 2-17 中双桩复合地基已计入载荷板和碎石垫层的重量（两者总重约 800kN），由表 2-17 可知在设计荷载 860kN（相当于 5m 高的填土重量）作用下，短桩（25m）比长桩（29m）沉降量大得多，这是因为短桩未穿透可压缩层，属悬浮桩。由此可见，摩擦型桩体越长，控制沉降变形的能力越强。苏昆太长桩型双桩型复合地基在设计荷载 1720kN（含上部结构物重量 800kN，则每一桩承担 860kN）作用下所产生的沉降 4.34mm，比同桩长的单桩复合地基在设计荷载 860kN 作用下所产生的沉降（4.26mm）要大，说明长桩型双桩复合地基的控沉能力略大于单桩复合地基。双桩复合地基中桩、土在载荷板（近似于刚性基础）作用下，竖向接近于等量变形，其调节沉降变形能力不及单桩复合地基中桩、土调节能力，但是双桩型控沉疏桩复合地基比单桩类控沉疏桩复合地基更能发挥桩间土的作用，从桩土荷载分担比曲线就可看出这一点。由于高速公路上部结构荷载小，双桩型复合地基的工程量比单桩类要大、处理费用也比单桩类要高。因此综合工程造价、施工速度等方面因素，控沉疏桩复合地基静载荷试验、工程桩均应以单桩型疏桩复合地基为宜。图 2-20 曲线显示载荷板与两桩顶之间的沉降差不为零，说明二者之间存在相对位移。这个差值不妨定义为桩顶上刺量，该值的大小是随着载荷的增大而增大，曲线有一明显拐点，其增长的速率是由小变大再变小，最后趋于恒值。表明桩体和桩间土最终可以达到变形协调，竖向不产生相对位移，可充分发挥土体的承载作用。同时，由于设置了桩帽，对桩顶集中力可起到均化作用，从而可减小有桩帽桩顶向垫层的刺入量，在设计荷载作用下桩顶上刺入量不到 5mm，载荷板的刚性作用保证了垫层的整体效应。

2.4.2　桩身轴力分布特征

T2、T3、T4 桩桩身轴力随深度变化曲线如图 2-22 ~ 图 2-24 所示，图中曲线显示 T2、T3、T4 桩的桩身轴力大体呈多折射倒 T 形分布，即桩身轴力随深度增加而减小，当桩帽上荷载分别达到 1600kN、2100kN、2250kN 后，曲线斜率变陡。表明其后桩身轴力增加缓慢，此时桩间土逐渐发挥作用，在桩长范围，桩身可全长发挥承载作用，桩端虽可承载，但发挥度较小，主要承载还是在桩体上半段。根据地质资料可知，29m 以下为性状较好的粉土层，是较好的持力层，因此，试验桩 T1 ~ T6 基本上穿透软土层，均可视为摩擦桩（悬桩），可较好地发挥桩侧摩阻力。通过计算分析可知，摩擦型复合地基的桩体，主要依靠桩侧沿程摩阻力支承，桩端支承阻力极小，仅占总支承反力的 1.0% 左右，但接近桩端土层若可压缩性小，将会有利于减小桩尖以下土层的沉降量。

2.4.3　桩周土压力分布特征

五组试桩桩周土压力随荷载的变化曲线，如图 2-25 和图 2-36 所示。由桩周土压力-历时曲线可知，带桩帽的单桩按疏桩布置的复合地基，每加一级荷载大都存在一个加荷稳定过程，当接近极限荷载时，实测地基土应力：25m 桩长为 540~600kPa；29m 桩长为 700~750kPa，不同加荷时对应的地基土压力不同，可以作为疏桩型复合地基地表土压力估算是否正确的校核。由图 2-34、图 2-35 可知，29m 桩长的单桩型和双桩型有桩帽疏桩复合地基桩间土受压后的影响深度均为 15m 左右，而单桩型（25m 桩长）有桩帽疏桩复合地基桩间土受压后的影响深度为 9m 左右，桩间土体并不是在整个桩长范围内都受土压力作用。图 2-36 显示：桩帽下地表土压力随荷载增大而增大。对单桩桩间土而言，在桩顶荷载达极限承载力之前，曲线近似于线弹性且增大缓慢，表明此时桩体是主要的承载对象。在桩顶荷载达极限承载力之后，曲线斜率变化极陡，地表土压力急剧增大，表明此时桩间土承载作用显现出来。故可以根据地表土压力的变化曲线的突变规律确定桩基极限承载力。双桩复合地基在加载过程中，桩间土的承载能力近似于线性变化，通过换算，可知复合地基中桩体和桩间土承载基本上是同步发挥的，碎石垫层提供了桩体上刺的条件。因此这一过程是通过碎石垫层的流动补偿来实现，这也证实了碎石垫层能够调整桩土间的荷载分析比。图 2-37 显示：桩帽间土体与桩帽下土体分担荷载的发挥度不相同，相对来说，桩帽间土体比桩帽下土体分担的荷载要大得多，分析原因主要是桩帽起到了类似于刚性板的作用。

2.4.4 桩侧摩阻力的分布特征

根据 T2、T4 两桩桩身轴力和桩周地表土压力的测试结果，可以计算并绘出 T2、T4 两桩的桩侧摩阻力曲线，如图 2-38、图 2-39 所示，图中曲线表明桩侧摩阻力的分布情况是一呈腰鼓状分布，且与土层中土质软硬好坏有关。在桩长范围内，桩侧摩阻力均能得到较好的发挥，本次试验结果表明桩侧摩阻力最大值发生在桩的中腰部位。实测结果表明比静力触探值大得多，见表 2-17、表 2-18。

表 2-17　T2 试桩侧壁摩阻力实测值、计算值对照表

深度/m		6~10	10~16	16~20	20~24	6~24 总和
侧壁摩阻力 /kN	实测值	408.1	305.3	168.85	71.6	953.85
	计算值	190.4	209.87	167	167	734.27
	差值	217.7	95.43	1.85	-95.4	219.58

表 2-18　T4 试桩侧壁摩阻力实测值、计算值对照表

深度/m		1~6	6~10	10~16	16~22	22~28	1~28 总和
侧壁摩阻力 /kN	实测值	187.75	184.6	433.45	373.55	287.5	1466.9
	计算值	299.5	190.4	209.87	250.5	278.1	1228.37
	差值	-111.75	-5.8	223.58	123.05	9.4	238.53

2.4.5　桩土荷载分担比与桩土应力比

各单桩、双桩复合地基桩土荷载分担比与荷载关系曲线，如图 2-40~图 2-43 所示。单桩类疏桩复合地基在竖向荷载作用下桩土荷载分担比是随荷载水平而变的。在桩体承载达到极限承载力之前，各单桩桩土荷载分担比曲线比较平缓，并且相距极远，说明桩体是主要的承载对象，桩体分担荷载 96%~91%。当桩体承载达到极限承载力之时，桩土荷载分担比曲线有一折线突变，并且两曲线有相交之趋势，说明桩体承载能力减小，而桩间土的承载能力增大，此时桩间土可作为主要的承载对象，土体分担荷载 37%~54%。图 2-42 中曲线显示双桩复合地基桩土荷载分担比曲线近似于两条平行线，表明在试验荷载范围内桩土荷载分担比基本上为常值，桩体荷载分担比约为 65%，而土体分担比约为 35%，桩和土的承载性能比较平稳，说明 PTC 管桩复合地基在发挥桩体作用的同时，可以较好地发挥桩间土的承载作用，这也说明了复合地基中桩体和土体的承载性能基本上是同步发挥的。试验分析表明：预应力 PTC 疏桩型桩土荷载分担比 δ_p 对单桩类为 91%~45%，对双桩类为 65%~45%，这说明后者更能发挥桩间土的作用。双桩型控沉疏桩复合地基比单桩类控沉疏桩复合地基更能发挥桩间土的作用，由于载荷板刚性作用，前者控沉能力却远不如后者。

各单桩、双桩复合地基桩土应力比与荷载关系曲线，如图 2-41 和图 2-43 所示。在单桩桩土应力比曲线中，各曲线变化趋势是由陡变缓，说明加载初期，桩体是主要的承载对象，桩间土的承载作用还未来得及发挥，导致各单桩桩土应力比极大，最后各曲线都近似于水平，说明桩土承载已趋于相对稳定，其值在 30 左右。图 2-46 反映了双桩复合地基桩土应力比数值在 140~50 之间，随着荷载增大，应力比取值趋近于 60 左右，桩土应力比的变化过程正是碎石垫层流动补偿促使桩体和土体承载发挥度相互调整的结果，垫层的作用是不可忽视的。通过试验可知，不管是单桩型还是双桩型，桩土应力比是一变量，它随荷载的变化而变化，同一荷载水平下，又随桩长增加而增大，对单桩复合地基，桩长不变，桩土应力比基本上是随荷载的增加而减小。

2.4.6　剖面沉降观测

SKTC1~SKTC5 剖面无论是在桩间土还是桩帽下，在荷载 7000kN 作用下其沉降均接近 160mm。表 2-5 显示桩帽下土体沉降量比桩帽顶沉降量要大。当设计荷载为 4000kN 时，T5 上下沉降差为 8.64mm，T6 上下沉降差为 6.41mm。说明桩体和桩周土存在竖向不协调变形，差别不是很明显，有利于桩摩阻力发挥作用，使桩、桩帽、垫层和土体整体作用得到更好发挥。由于桩帽的存在，也均化了桩顶的集中力，不但可确保桩间土参与工作，且可使桩和桩间土的沉降差进一步减小，使得桩顶上刺量减小，从而保证了垫层整体效应。

2.5 现场试验与原型观测比较

为了了解带帽 PTC 型刚性疏桩复合地基的作用机理，除了进行试桩区现场静载试验外，同时在路堤填筑过程中，选取桩号 K33+353 和 K33+383 所在断面，也进行了带帽工程桩的原型观测。试验段带帽 PTC 型刚性疏桩复合地基的桩体设计与试桩相同，不同之处是试验段是采用灰土作为褥垫层，灰土垫层的厚度为150cm。试桩区是采用加筋碎石垫层，而且是钢筋混凝土作为载荷板。该处仅讨论现场试验与原型观测中桩帽顶与桩帽间土体之间的沉降差，并分析其产生差别的原因。

现场试验与原型观测中桩帽与桩帽间土体的沉降差曲线如图 2-49 所示。图中曲线显示，现场试验中桩帽与桩帽间土体之间的沉降差比原型观测中两桩号所在断面的沉降差均小，而且数值上相差比较大，但沉降差曲线总的趋势还是比较相似。分析其原因，主要有以下几方面：一是基础刚度的影响。原型观测中带帽桩复合地基是在近似于完全柔性基础条件下进行的，而现场试验中带帽桩复合地基是在荷载作用于钢筋混凝土载荷板上，再通过碎石褥垫层的荷载传递作用，载荷板的刚度很大，而碎石褥垫层的刚度也比填土的刚度要大，近似于在刚性基础下，带帽桩复合地基中桩帽与桩帽间土体在一定程度上还表现出等应变的现象，两者之间的沉降差在荷载水平较低时（设计荷载水平）不会太大，试验条件下带帽桩复合地基在设计荷载水平下桩体上刺现象不如原型观测的明显，两者之间的沉降差数值上也是前者比后者要小。二是加荷方式的不同。原型观测中随着填土施工的进行和完成，在填土瞬时，由于地基土体产生剪切变形，引起地基土体

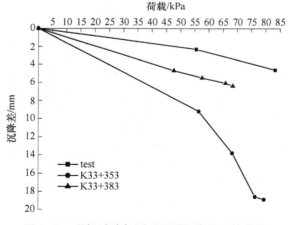

图 2-49 现场试验与原型观测沉降差比较曲线

的瞬时沉降，同时桩帽间地基土体也会产生了一定的固结沉降，桩帽间土体的沉降比桩帽的沉降要大，带帽刚性疏桩复合地基桩体所表现的上刺现象比较明显；而现场试验的加荷载方式根据桩基静载试验规范可知，这种荷载作用方式是瞬时施加并慢速维持，现场试验的试验条件没有完全模拟路堤填土过程，地基土体的沉降主要表现为加荷瞬时产生的剪切变形引起地基土体的瞬时沉降。因此，相对来说在设计荷载水平下现场试验中桩帽与桩帽间土体两者之间的沉降差比较小，使现场试验和原型观测之间存在相应的差异，但是两者可以互为补充，以全面反映出带帽刚性疏桩复合地基的作用于机理和力学性状。带帽桩复合地基的作用机理及其力学性状与基础刚度和加荷方式有比较大的关系，路堤填筑过程的施工条件很难用现场静载试验进行模拟，这难免会造成现场静载试验与公路原型观测之间的差异。为了减小这种差异，建议现场试验条件要尽可能符合路堤填筑过程，以合理反映出柔性基础下带帽桩复合地基的作用机理。

2.6　有帽桩与无帽桩复合地基试验比较

在沪宁高速公路改扩建工程试验段（k0+000～k1+770）的深厚软土地基处理中，进行了有、无桩帽刚性桩复合地基现场静载试验。

2.6.1　试验设计

共设计 6 组，其中 1 组天然地基、1 组无帽单桩、1 组有帽单桩、1 组无帽单桩复合地基、2 组有帽单桩复合地基，平面布置如图 2-50 所示。试桩的桩型、桩长与试验段工程桩所设计的完全相同，均采用 PTC-A400-65，其中：

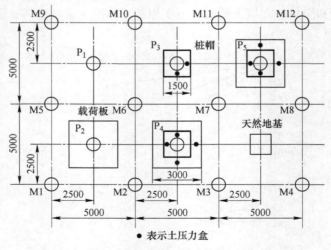

图 2-50　试桩平面布置示意图

（1）P_1为无帽单桩（无垫层），桩长 35m，P_2为无帽单桩复合地基（有垫层），桩长 35m，P_3为有帽单桩（无垫层），桩长 35m，P_4为有帽单桩复合地基（有垫层），桩长 35m，P_5为有帽单桩复合地基（有垫层），桩长 40m，桩帽尺寸 1200mm×1200mm×400mm。各桩顶均与地面持平。

（2）加筋碎石垫层厚 40cm，碎石上部浇注 3000mm×3000mm×1000mm 的混凝土载荷板。

（3）静载反力由锚桩提供，M1～M12 为锚桩，采用 PHC-B500-65，桩长 41m。

2.6.2 测试内容

（1）在 P_3、P_4 的桩体内部不同位置，预置钢弦式应力计，以测量带帽桩体在荷载作用下桩身轴力的分布。

（2）在 P_3、P_4、P_5 等桩侧土体（分桩帽下土体与桩帽间土体）内埋设土压力盒，以测量在荷载作用下桩间土应力分布。

（3）在 P_2、P_4 单桩复合地基的荷载板下桩顶各焊接一根沉降杆，以观测在荷载作用下桩顶与载荷板之间的沉降变化关系。

2.6.3 结果分析

只分析有、无桩帽及有、无垫层各桩的荷载-沉降曲线分布特征。各组试桩的荷载沉降曲线如图 2-51 所示。图中显示，五组试桩地基承载力均比天然地基承载提高了数倍，不管是有帽单桩复合地基，还是无帽单桩复合地基，桩体的极限承载力均有所提高，这种现象可从桩周土的受力情况来看，沉桩过程中，桩周土体不断被挤密，在桩周形成一层硬壳，牢固地吸附在桩的表面，管桩为圆形截面，桩周土体像"箍"一样箍住桩体且受力均衡，相对管桩来说，土体更容易破坏，从而造成管桩的极限承载力相对提高。

在控制沉降变形相等的条件下，无帽单桩比有帽单桩的极限承载力要小得多，无帽单桩复合地基的承载力也要比有帽单桩的复合地基承载力小得多。试验数据表明，有帽单桩复合地基的承载力约是无帽单桩复合地基承载力的 1.8 倍，说明桩帽作用显著；反之，在相同荷载作用下，有帽单桩复合地基的沉降变形要比无帽单桩复合地基小，即有帽单桩复合地基的控沉能力要比无帽单桩复合地基的控沉能力好。对于有帽单桩复合地基而言，由于碎石垫层具有补偿流动的作用，相同荷载作用的条件下，其沉降变形要比同桩长的带帽单桩的沉降变形小得多。另外，长桩型带帽单桩复合地基要比短桩型带帽单桩的控制沉降变形的能力好得多，这是因为长桩型带帽单桩复合地基的桩长一般穿透了地基软土可压缩层。

　　无帽单桩复合地基、有帽单桩复合地基中载荷板沉降与桩顶沉降之差曲线如图 2-51 所示。由图 2-52 可以看出，无帽单桩复合地基的桩顶上刺入变形量要比有帽单桩复合地基桩顶上刺入变形量大得多，在极限荷载作用下，无帽单桩复合地基的桩顶上刺入变形量达 23.7cm 之多，而有帽单桩复合地基的桩顶上刺入变形量不到 3cm，试验数据说明了一般概念的刚性桩很难在高速公路软基处理中得以推广的原因所在。路堤荷载下，刚性桩复合地基极易产生桩顶上刺入变形现象，容易造成路基土拱效应，从而影响高速公路的使用质量。在上覆荷载作用下，无帽单桩复合地基中桩体破坏了碎石垫层的整体性，造成桩顶应力过于集中，而对于有帽单桩复合地基中，由于在桩顶配置了桩帽，桩帽的面积要比桩体的横截面积大得多，从而增加了桩顶与碎石垫层之间的接触面积。桩帽对桩

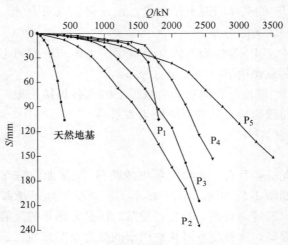

图 2-51　六组试验荷载沉降曲线

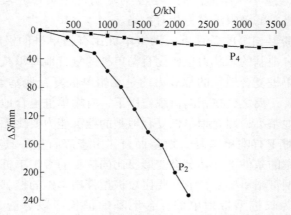

图 2-52　两种单桩复合地基沉降差曲线

顶集中力可起到均化作用，可减小桩顶向垫层的刺入量，能够保证碎石垫层的整体效应。通过对试验段带帽桩复合地基的观测，路堤基本上不存在土拱现象。

2.6.4 有、无桩帽以及不同垫层形式对疏桩复合地基沉降变形的影响

在试验段 k0+300~k0+500 之间，疏桩复合地基未采用桩帽，垫层形式采用 40cm 厚碎石垫层，同时为保证垫层的整体刚度在碎石的中间设置了一层钢筋网格。其余均采用有帽疏桩复合地基形式。试验段处理结束后一年，对此进行了工后沉降观测，如表 2-19 所示，以便进一步对桩帽的作用效果进行评价。

表 2-19 不同疏桩布置形式新路肩处的累计沉降量

观测断面		堤高/m	间距/m	桩帽	垫 层	沉降量/cm
k0+380	南	2.82	2.5	无	40cm 碎石+钢筋网	6.13
k0+710	北	3.86	2.5	有	40cm 碎石+8%灰土	7.09
k1+550	南	3.16	3	有	40cm 碎石+2 层双向土工格栅	3.51
	北	4.51	3	有	40cm 碎石+2 层双向土工格栅	4.89

从表 2-19 可以看出，地质的分析表明，k0+380 断面和 k0+710 断面的地质情况类似，处理深度均为 33m，如果从路堤高度和沉降量的对比关系来看，有桩帽的段落起沉降总沉降量要小于没有桩帽的段落，如 k0+380 断面平均每米高路堤的沉降量为 2.17cm，而 k0+710 断面平均每米高路基的沉降量为 1.84cm，说明采用桩帽具有较好的效果。采用 2 层双向土工格栅的 k1+550 断面的总沉降量要小于其他断面的沉降量，这与该断面的地质情况稍好有关系。通过对沪宁高速改扩建工程试验段有无桩帽的疏桩复合地基工后一年沉降观测可知：采用有帽疏桩复合地基形式的断面沉降比采用无帽疏桩复合地基形式的断面沉降要小，带帽疏桩复合地基控制沉降的能力比无帽疏桩复合地基要好得多。

2.7 本章小结

在苏州绕城高速公路苏昆太 HC-6 标段内，进行了带帽 PTC 型刚性疏桩复合地基现场静载荷试验，可以得到以下结论：

（1）摩擦型疏桩复合地基在竖向荷载下桩土荷载分担比是随荷载水平和桩长而变。试验分析表明：在相同置换率条件下，桩、土分担比一般在 91%~45%。通过现场实测可知当承担荷载均为 2000kN 时，带帽单桩长 25m 的桩土应力比为 40，桩可分担约 70%的垂直荷载，而当桩长加长至 29m 后，桩土应力比上升至 170，桩可分担约 90.52%的垂直荷载。双桩条件下（桩长 29m）的桩土应力比只有 118，此时，桩荷载分担只有 62.3%的垂直荷载。说明荷载水平一定

时，桩土应力比和桩土荷载分担比随桩长的增加而增大，桩抵抗抗竖向变形的能力随之增大。

（2）双桩型复合地基中桩、土间的变形在刚性基础作用下，竖向接近于等量变形，其调节沉降能力不及单桩复合地基中桩、土调节能力。再者双桩型桩帽的处理费用高，故控沉疏桩复合地基静载试验、工程桩均应以带帽单桩复合地基为宜。摩擦型控沉疏桩复合地基桩长应穿透软土层，沉降变形可以得到有效控制。疏桩设计参数建议首选通过试桩确定。

（3）桩身轴力大体成倒三角形分布，同级荷载作用下，桩身轴力随深度增大而减小；荷载变化时，桩身轴力随荷载增大而增大，当荷载达到极限荷载后，桩身轴力增长变缓或不增长。通过实测整理分析表明：刚性疏桩复合地基，可全桩长发挥侧摩阻力，桩端支承阻力极小，仅为总支承反力的 1.5% 左右。但接近桩端土层若可压缩性小，将会有利于减小桩尖以下土层的沉降量。

（4）桩帽下地表土压力随荷载增大而增大。当荷载小于极限荷载时，荷载增大时地表土压力增大缓慢，当荷载达到极限荷载后，地表土压力急剧增大。带帽单桩可以根据地表土压力的变化曲线的突变规律确定桩基极限承载力。

（5）刚性疏桩复合地基由于设置了桩帽，对桩顶集中力可起到均化作用，从而减小了有桩帽桩顶向垫层的刺入量，保证了垫层的整体效应，明显减小了粒状散体材料向桩帽间土体的挤入量。设计荷载作用下，实测桩帽顶与桩帽下土层间沉降差仅为 1.0cm 左右，极限荷载下也不到 2.5cm。在设计荷载作用下，垫层自身压缩量更小，只有 5mm 左右。桩体和桩周土存在竖向不协调变形，有利于桩摩阻力发挥作用，使桩、桩帽、垫层和土体整体作用得到更好发挥。

（6）带帽控沉疏桩复合地基桩间土承载力随荷载增大而增大，可以根据地表土压力的变化曲线的突变规律确定基桩极限承载力，同时桩帽间土体受压后有一定的影响深度，其数值一般与桩长有关，25m 长影响深度约为 9m，29m 长影响深度约为 15m，小于桩长。这为用桩帽间土体在影响深度范围内的沉降来代替复合地基的沉降提供了思路。

（7）桩身侧摩阻力的变化主要与地层有关，侧摩阻力随相应轴力增大而增大。当荷载达到极限荷载后，侧摩阻力增长变缓或不增长，呈腰鼓状分布。由于地基扰动、挤密和再固结的因素存在，实测桩身侧摩阻力值比计算值大。刚性摩擦型桩在桩身全长范围内可较好地发挥桩侧摩阻力的作用，没有观测到临界桩长的现象。经过分析，不同桩长的单桩型和双桩型复合地基，在桩端处对下卧层产生竖向应力（附加应力）分布与桩长有关，一般均较小，主要是受桩端阻力的影响。

（8）通过对试桩荷载与变形规律分析可知，加载初期由于褥垫层的作用，能满足将荷载均匀传递分配到桩帽及桩间土上。随着加载量级的提高和变形的增加，垫层内的粒状散体材料逐渐向桩间土掺入，实测桩顶和桩间土间沉降差一般仅为几毫米，但桩土应力比逐渐减小直至桩和桩间土共同进入极限状态，说明刚性疏桩型复合地基存在多次屈服状态。

（9）在控制沉降变形相等的条件下，无帽单桩比有帽单桩的极限承载力要小得多，无帽单桩复合地基的承载力也要比有帽单桩的复合地基承载力小得多，说明桩帽作用显著；反之，在相同荷载作用下，有帽单桩复合地基的沉降变形要比无帽单桩复合地基小，即有帽单桩复合地基的控沉能力要比无帽单桩复合地基的控沉能力好。

（10）无帽单桩复合地基的桩顶上刺入变形量要比有帽单桩复合地基桩顶上刺入变形量大得多，无帽单桩复合地基中桩体破坏了碎石垫层的整体性，造成桩顶应力过于集中。而有帽单桩复合地基，由于在桩顶配置了桩帽，桩帽的面积要比桩体的横截面积大得多，从而增加了桩顶与碎石垫层之间的接触面积，桩帽对桩顶集中力可起到均化作用，可减小桩顶向垫层的刺入量，能够保证碎石垫层的整体效应。

3 带帽 PTC 型刚性疏桩复合地基沉降计算方法分析

3.1 高速公路路堤沉降变形特点及软基处理方案分析

3.1.1 高速公路路基沉降变形特点分析

随着我国国民经济的发展，建成的高速公路日益增多。但是高速公路的修建一般均处于经济相对发达地区，而这些地区又主要分布于我国东南沿海地带，如江苏、浙江、上海、广东等地区，结构性软土且地基可压缩层所处位置较深（一般都有 30~50m）是这些区域的特点，因此在这些区域修建高速公路，一般来说都要对路基软土进行处理。软土地基高速公路的工程中，软土地基的沉降大体上可分为工前沉降和工后沉降两种。工前沉降是指从路基处理开始至路面竣工，路基沉降量的增量。一般来说，路基工前沉降包含以下几个阶段的沉降量：（1）地基处理前后路基的沉降量增量；（2）从地面填土开始至 95 区顶期间的填筑期路基沉降量增量；（3）从 95 区顶面起（含 95 区以下）至预压结束的预压期路基沉降量增量；（4）95 区顶面以上路面结构层施工期的沉降量增量。工后沉降则是指从路面竣工或开放交通以后在道路使用的一段时间内（一般 15 年或 20 年）的路基沉降量增量。

高速公路路基上覆荷载一般由路面动荷载（如汽车等的重量）和路堤的重量组成。如果对软土地基不采取处理措施，软土路基在上覆荷载和自重作用下，路基将会下沉，并将产生盆形不均匀沉降，如图 3-1 所示[99~102]，路堤中间位置

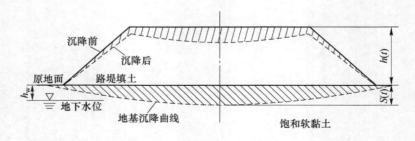

图 3-1 路堤型荷载时的地基沉降情况

沉降量最大，并且往往超过路堤总沉降和工后沉降的要求，从而造成高速公路不能正常营运。通常认为路基总沉降是由瞬时沉降、主固结沉降和次固结沉降三部分组成。瞬时沉降是指在体积保持不变情况下，剪应力作用下由土体侧向变形引起的土体沉降。由于超孔隙水压力的消散，土体发生排水固结，体积压缩，由此引起的沉降称之为主固结沉降。在超孔隙水压力完全消散后，亦即有效应力不变的情况下所发生的沉降，称之为次固结沉降。近年来的研究均认为次固结沉降是与主固结沉降同时发生的，而实际工程中也是很难区分主固结沉降变形阶段与次固结沉降变形阶段。实际应用中通常还是假定次固结沉降在主固结沉降完成之后才开始，即在超孔隙水压力完全消散后开始次固结沉降变形。一般来说，路堤的总沉降大于或等于路堤工前沉降和工后沉降二者之和，这是因为土体的瞬时沉降可以在路堤施工期间内完成，而土体的固结沉降和次固结沉降则随着时间的延长而逐渐增大。路堤填土一般是由压实土（土体压实度约为95%~96%）组成，可认为在上部动荷载和自身重力作用下，其压缩变形量很小，可忽略不计。软土路基盆形不均匀沉降主要是由于在路堤自重和路面动荷载的作用下，下部软土地基沉降不均匀所致。如果软土路基变形不满足设计要求，因此必须对路基软土采取合理的处理方案（包括处理方法、处理范围、处理深度等）进行处理，以改善路基软土的力学性能指标，从根本上解决路堤沉降的内在因素，减小软土路基总沉降和不均匀沉降，并使得路堤施工期间完成的工前沉降占总沉降的大部分，减小工后沉降量，并把工后沉降控制在允许范围之内。

作用在路基上的荷载一般随着路基施工进展而逐渐增加的，路基土体沉降变形的相当一部分是在路堤填土过程中发生的，施工填筑速率对路基的沉降变形影响显著，施工填筑速率缓慢时，土中超孔隙水压力有较充分的排出和消散时间，路基的沉降变形便随路堤填土荷载的缓慢增加而逐渐进行，沉降速率及沉降量的大小主要取决于路基土体的渗透固结能力，在全部填土荷载施工完毕后还要延续一段时间才能完成沉降。这里的沉降主要是指工前沉降，沉降变形包含了施工加载过程中路基所产生的瞬时沉降、部分主固结沉降和次固结沉降，因此本章所要计算的沉降变形只是路基总沉降的一部分。

3.1.2 高速公路深厚软土地基处理方案分析

对于深厚软土地基，如何选择合理的地基处理方案，才能有效地控制高速公路路堤的工后沉降在允许范围之内，从而保证高速公路的使用质量和正常营运，是当今岩土工程界十分关注并一直在研究的问题。地基处理方案的选择，一般可分为排水固结法、超轻质材料法和复合地基法三大类。

（1）排水固结法是采取措施将土体中的水排走，促使减小土体的孔隙，使其密度增加、强度提高的方法，是较为经济的一种软土地基的加固方法。其加固机理是通过在土体中设置塑料排水板或设置砂井，在土体中形成竖向排水通道与地面水平排水砂层相连，组成排水系统，利用路堤本身的荷载进行堆载预压或在软基表面施加大于设计使用荷载进行超载预压。经过施工期的预压后，促使土体中的孔隙水排出，有效应力增加，从而达到土体固结的目的，完成大部分或绝大部分的沉降，可以提高地基的承载力、减小建筑物的工后沉降。对于以工后沉降作为控制标准的高速公路来说，排水固结法可以起到有效减小工后沉降的作用，但排水固结法本身不能减小地基总沉降量，主要是加快土体的固结速度。同时在新建高速公路路基处理中采用排水固结法所需工期较长，约需至少三年左右工期，该法适合于软基以下存在孔隙比大于 1.0、承载能力较低的土层等情况，其使用一般应根据工程地质条件配合超载预压措施。

（2）超轻质材料法实质就是减轻路堤的重量（同时保证满足使路堤边坡稳定所需的路堤本身强度和变形），使软土地基所承受的上覆路堤荷载减小，进而减小地基的压缩量，使路堤的沉降量减小。目前超轻质材料主要是指 EPS 材料（聚苯乙烯泡沫塑料），当采用 EPS 作为路堤填料时，可考虑不处理地基。

（3）复合地基法主要是通过置换部分软土或在软土地基设置加筋材料，加固软土地基，改善软土地基土体的力学性能，从而达到减小总沉降或不均匀沉降的目的。在高速公路上，传统的复合地基加固方法主要采用碎石桩、粉（湿）喷桩、旋喷桩，通过形成复合地基，在提高地基承载力的同时，起到减小地基总沉降、不均匀沉降和有效控制工后沉降的目的。随着地基处理技术的发展，复合地基技术在我国得到了长足的推广和应用。因此，综合考虑各种因素（如处理的经济效益和社会效益），建议采用复合地基法处理高速公路软土地基。

对于位于地表浅层（地表以下 10~12m）的高速公路软土地基处理，可以采用传统的碎石桩、粉（湿）喷桩、旋喷桩等复合地基技术，而且可以取得较好的经济效益和社会效益。但是当高速公路软土地基位于深层（地表以下 30~50m）时，由于散体材料桩复合地基和柔性桩复合地基自身的缺陷，如桩身强度低、成桩质量差及检测难以控制等原因。同时，试验证明散体材料桩复合地基和柔性桩复合地基桩体均存在有效桩长的问题，一旦处理深度超过其有效桩长，其处理效果则大打折扣，不能保证工程安全可靠的要求，也不能满足高速公路深厚软土地基对减小总沉降、不均匀沉降及有效控制工后沉降的要求。因此，对于高速公路深厚软土地基的处理，必须采用桩身强度高的刚性桩来进行置换，以提高地基的承载力，并有效减小地基的总沉降、减小地基不均匀沉降和控制工后沉降在允许范围之内。从工程安全角度出发，考虑工程造价，同时又要充分利用土体的承载能力，控沉疏桩复合地基技术在高速公路深厚软土地基处理中应用愈来愈多。在杭甬高速公路路基拓宽工程中，将先张法预应力管桩应用于深厚软土路基拼接，有效地解决了新老路堤差异沉降的问题，如图 3-2 所示。这是一个很好的

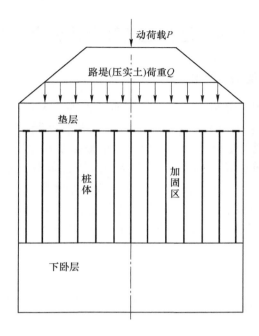

图 3-2 路基处理——复合地基法示意图

例证，但这必然会大幅度增加工程造价，为此提出利用桩顶配置桩帽和疏化桩间距的方法，形成带帽 PTC 型刚性疏桩复合地基技术，做到既能最大限度地发挥单桩和桩间天然地基土体的承载力，又能达到减少总沉降、不均匀沉降和有效控制工后沉降的目的。

　　要保证高速公路的使用质量和正常营运，必须满足地基承载力、沉降（地基变形）及路堤稳定性等三方面的要求。一般来说，如果地基承载力能够满足要求，通常不会发生路堤滑移失稳现象，因此对高速公路路基主要考虑承载力和沉降变形等两个方面的要求。由于高速公路上覆荷载一般都比较小，刚性桩强度又较高，复合地基承载力一般也是能够满足的，故承载力不是软土路基处理的主要目的，如何有效减小路基总沉降、不均匀沉降和控制路堤工后沉降在允许范围之内才是最终所要解决的问题。高速公路对运行期间路基的沉降量有严格的要求，因此高速公路深厚软土地基处理设计由以前的按控制承载力（稳定）设计转向按控制沉降变形设计是必然的趋势，提倡按沉降控制理论进行刚性桩复合地基的设计也是当今和日后刚性桩复合地基设计的主导方向。为了做到高速公路路堤承载力和稳定性满足要求，有效减小地基总沉降和控制路堤工后沉降，采用控制沉降疏桩型复合地基技术处理高速公路深厚软土地基是今后地基处理技术发展的一个方向。

3.2   PTC 型控沉疏桩复合地基沉降计算模型的确定

3.2.1   带帽桩复合地基思路形成过程

不论是建筑工程、水利工程，还是交通工程等与土木工程相关的各个领域，目前地基处理所采用的刚性桩复合地基形式，一般可概括为无帽单桩型复合地基、复合桩基型、复合桩体型和带帽单桩复合地基型 4 种形式，其中前两种是最为常见的，而带帽单桩复合地基形式至今国内外还未有文献报道，如图 3-3 所示。带帽单桩复合地基形式是在无帽单桩复合地基和复合桩基的基础上提出的，带帽 PTC 型刚性疏桩复合地基是在已有刚性桩复合地基的基础上形成的，首次在新建高速公路深厚软土地基处理中使用，并取得了较好的经济效益和社会效益。

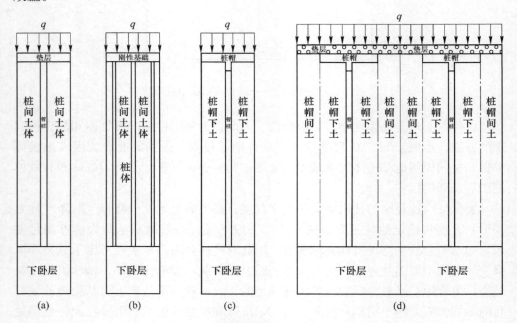

图 3-3   四种桩型复合地基示意图

（a）无帽单桩型；（b）复合桩基型；（c）复合桩体型（带帽单桩型）；（d）带帽单桩复合地基型

3.2.1.1   无帽单桩型复合地基

这是工程应用中最为常见的一种刚性桩复合地基形式，刚性桩桩顶直接作用于褥垫层底部，是由刚性桩（如 CFG 桩、素混凝土桩、PTC 管桩）和土体在褥垫层传递上部结构荷载的作用下共同来承担的一种复合地基形式。通过实测，桩顶向上刺入垫层量很大，试验数据显示，在 40cm 厚的加筋垫层中，桩顶向上刺入量高达 23.3cm，可以看出刚性桩对褥垫层的破坏作用明显，不能保证褥垫层的整体作用。同时由于刚性桩和桩间土体刚度相差很大，桩体的压缩量与桩间土体的压缩量不等，以致桩顶应力集中现象明显，桩间土的荷载分担比较大，使得桩间土的沉降量增大，并且在桩顶附近较大的区域内一般存在负摩擦区，不利于发挥桩体的全长作用。

3.2.1.2 复合桩基型

复合桩基型是依据大桩距布桩的疏桩理论，把刚性桩直接与刚性承台固结在一起，同时加大桩间距，以发挥桩间土的承载能力而形成的一种地基处理方式。如果桩端下土层较好，此时复合桩基功效就基本上等同于桩基，承台下桩间土基本上不起承担荷载作用。因此，为了发挥桩间土体的承载作用，复合桩基中的桩体一般使用刚性摩擦桩，并且桩端土层可以使桩体发生向下刺入现象，随着时间的增长，承台和桩的沉降变形不断增加，承台下桩间土分担的荷载也不断增加，而桩承担的荷载则随时间的增加而减小，桩承担的荷载有一个逐渐向承台下土转移的过程。同时桩间距越大，桩间土发挥的作用也越大。对端承桩，承台沉降变形一般很小，桩间土承载能力很难发挥。有试验表明，即使是摩擦桩，桩间土承载能力的发挥占总承载能力的百分比也很小，且较难定量预估。在高速公路深厚软土地基处理中，若使用复合桩基方式，可以想象，需要做成一个很大的刚性承台，这对深厚软土地基处理来说是应该避免的，但这种思想值得借鉴。

3.2.1.3 复合桩体型（带帽单桩型）

为了克服无帽单桩桩顶应力过分集中现象和减小桩顶向上刺入垫层量，可以增大单桩桩顶与垫层之间的接触面积，在复合桩基的基础上，缩小承台，类似于形成单桩带台的情形，故可在桩顶配置桩帽，并通过钢筋笼与之固结在一起，形成 T 形桩，由 T 形桩和桩帽下的土体形成复合桩体。上覆荷载通过垫层传递到桩帽顶部，桩帽顶部荷载由桩体和桩帽下土体来共同承担。通过试验实测，如在设计荷载作用下，桩顶分担约 94% 的荷载，而桩帽下的土体分担总荷载约占 6%，各带帽桩静载试验实测荷载分担比见表 3-1、表 3-2。桩体是主要承载对象，虽然桩体刚度极大，但是由于桩帽的表面尺寸比桩截面的尺寸大得多，桩帽顶部位置应力分布均匀，桩帽顶部应力集中现象和向上刺入垫层量要比无帽单桩明显改善。通过试验实测，在设计荷载作用下，桩帽顶部向上刺入碎石垫层（厚 40cm，加筋）不到 1cm，桩帽可以大大减小桩体向上刺入垫层量，能有效保证垫层整体性，有效克服桩顶过分应力集中，起到均化桩顶应力的作用。同时桩帽可起到刚性板的作用，能够保证桩体和桩帽下土体竖向等量变形，使桩帽下土体与之不脱空，始终处于承载状态。因此，可把带帽桩和桩帽下土体作为一个局部的整体来

表 3-1　T1、T2 试桩静载试验实测荷载分担比汇总表

T1 试桩						T2 试桩					
总荷载 Q/kN	沉降 S/mm	土承担荷载 P_s/kN	桩承担荷载 P_p/kN	土荷载分担比 $\delta_s/\%$	桩荷载分担比 $\delta_p/\%$	总荷载 Q/kN	沉降 S/mm	土承担荷载 P_s/kN	桩承担荷载 P_p/kN	土荷载分担比 $\delta_s/\%$	桩荷载分担比 $\delta_p/\%$
500	1.83	17.1	482.9	3.42	96.58	400	2.00	36.9	363.1	9.23	90.78
750	2.93	34.7	715.3	4.63	95.37	600	2.90	54.7	545.3	9.12	90.88
1000	4.82	59.6	940.4	5.96	94.04	800	4.76	69.1	730.9	8.64	91.36
1250	9.06	73.6	1176.4	5.89	94.11	1000	7.04	82.8	917.2	8.28	91.72
1500	12.23	116.1	1383.9	7.74	92.26	1200	8.73	99.9	1100.1	8.33	91.68
1750	16.12	149.0	1601.0	8.51	91.49	1400	10.38	116.1	1283.9	8.29	91.71
2000	55.52	574.2	1425.8	28.71	71.29	1600	14.63	152.3	1447.7	9.52	90.48
2250	104.07	953.6	1296.4	42.38	57.62	1800	35.11	692.6	1107.4	38.48	61.52
2500	158.67	1232.1	1267.9	49.28	50.72	2000	56.92	741.6	1258.4	37.08	62.92
						2200	87.10	1090.1	1109.9	49.55	50.45
						2400	123.96	1275.3	1124.7	53.14	46.86
						2600	152.66	1418.0	1182.0	54.54	45.46

表 3-2　T3、T4 试桩静载试验实测荷载分担比汇总表

T3 试桩						T4 试桩					
总荷载 Q/kN	沉降 S/mm	土承担荷载 P_s/kN	桩承担荷载 P_p/kN	土荷载分担比 $\delta_s/\%$	桩荷载分担比 $\delta_p/\%$	总荷载 Q/kN	沉降 S/mm	土承担荷载 P_s/kN	桩承担荷载 P_p/kN	土荷载分担比 $\delta_s/\%$	桩荷载分担比 $\delta_p/\%$
600	2.01	27.7	572.3	4.62	95.38	500	1.65	31.5	468.5	6.30	93.70
900	3.54	48.4	851.6	5.38	94.62	750	2.61	55.4	694.6	7.39	92.61
1200	5.54	67.5	1132.5	5.63	94.38	1000	4.26	71.3	928.7	7.13	92.87
1500	7.69	90.9	1409.1	6.06	93.94	1250	5.51	93.6	1156.4	7.49	92.51
1800	11.39	110.7	1689.3	6.15	93.85	1500	7.39	119.3	1380.7	7.95	92.05
2100	16.27	165.6	1934.4	7.89	92.11	1750	9.64	150.5	1599.5	8.60	91.40
2400	42.55	503.6	1896.4	20.98	79.02	2000	12.39	189.7	1810.3	9.49	90.52
2700	94.60	1011.4	1688.6	37.46	62.54	2250	18.02	272.3	1977.7	12.10	87.90
3000	164.35	1381.1	1618.9	46.04	53.96	2500	49.22	660.4	1839.6	26.42	73.58
						2750	87.56	995.0	1755.0	36.18	63.82

考虑，这也就是可以简化成复合桩体的一个原因。在复合桩体中桩帽下土体与桩体之间不存在负摩擦区，而在桩帽边缘处小范围内土体之间存在负摩擦力。试验

还表明：带帽单桩复合地基比无帽单桩复合地基的极限承载力要提高近40%左右，这也说明了桩帽的作用是显著的。

3.2.1.4　带帽单桩复合地基

带帽单桩复合地基是工程实际应用的形式，是在复合桩型的基础上，疏化桩间距，并在桩帽顶铺筑一定厚度的褥垫层，上覆荷载通过褥垫层的传递作用，使桩帽顶和桩帽间土体均承担荷载，考虑桩帽间土体的承载作用，从而可形成带帽单桩复合地基。事实上在工程应用中，由于桩间距比桩帽的尺寸大一倍左右，因此上覆荷载通过垫层作用，除了主要传递到桩帽顶部外，还有一部荷载传递到了桩帽间的土体上，通过试验观测也证明了桩帽间土体承担了一部分荷载作用。在设计荷载作用下，桩帽顶部承担总荷载约69%，桩帽间土体承担总荷载约31%，而桩顶承担总荷载约67%，桩帽下土体承担总荷载约2%，见表3-3。由此可看出，带帽单桩复合地基中桩体仍然是主要承载对象，桩帽间土体与桩帽下土体的承载发挥程度不相同，应区别对待，桩帽下土体基本上不发挥承载作用，把带帽桩体和桩帽下土体作为复合桩体来对待是可行的。由于能够充分发挥桩帽间土体的承载作用，带帽单桩复合地基的承载力可得到极大的提高。由试验结果还可看出，在面积置换率基本不变的情况下，带帽单桩复合地基与无帽单桩复合地基相比，前者可大大减小桩顶应力集中现象，褥垫层的整体效应也可得到保障。由于桩帽间土体的变形量要比桩帽下土体的变形量大，造成桩帽间土体下陷，反过来说，复合桩体产生上刺现象，从而形成所谓的土拱效应。复合桩体和桩帽间土体之间沉降差可以通过上部碎石褥垫层的流动来补偿。

表 3-3　带帽双桩（T5、T6）复合地基各部分承载能力和荷载分担比关系表

荷载 /kN	沉降 /mm	桩帽间土体承担载荷 /kN	分担比 /%	两桩帽顶承担载荷 /kN	分担比 /%	桩帽下土体承担载荷/kN	分担比 /%	两桩顶承担载荷 /kN	分担比 /%
0	0	0		0		0		0	
1000	4.34	336.2	33.6	663.8	66.4	15.3	1.5	648.5	64.9
1500	7.30	490.1	32.7	1009.1	67.3	22.5	1.5	987.4	65.8
2000	11.00	615.6	30.8	1384.4	69.2	27.9	1.4	1356.5	67.8
2500	15.69	776.3	31.1	1723.7	68.9	37.4	1.5	1686.3	67.5
3000	23.44	958.5	32.0	2041.5	68.1	70.2	2.3	1971.3	65.7
3500	29.71	1121.9	32.1	2378.1	67.9	108.9	3.1	2269.2	64.8
4000	36.66	1258.2	31.5	2741.8	68.5	173.7	4.3	2568.1	64.2
4500	47.92	1501.2	33.4	2998.1	66.6	307.6	6.8	2691.0	59.8
5000	69.92	1964.3	39.3	3035.7	60.7	601.2	12.0	2434.5	48.7
5500	90.09	2288.3	41.6	3211.7	58.4	827.6	15.0	2384.1	43.3

荷载 /kN	沉降 /mm	桩帽间土体 承担载荷 /kN	分担比 /%	两桩帽顶 承担载荷 /kN	分担比 /%	桩帽下 土体承担 载荷/kN	分担比 /%	两桩顶 承担载荷 /kN	分担比 /%
6000	111.01	2381.4	39.7	3618.6	60.3	1040.0	17.3	2578.6	43.0
6500	132.81	2490.8	38.3	4009.2	61.7	1210.5	18.6	2798.7	43.1
7000	151.54	2617.7	37.4	4382.3	62.6	1220.4	17.4	3161.9	45.2

3.2.2　带帽刚性疏桩复合地基变形及作用机理分析

主要从桩身压缩量、桩侧摩阻力的发挥、基础刚度的大小、有无桩帽、垫层的厚度等方面对竖向增强体复合地基的作用机理进行分析，并对带帽桩复合地基的三种桩型可能产生的变形机理进行分析。

3.2.2.1　桩身压缩量

（1）散体桩。桩身材料没有黏结强度，单独不能成桩，只有依靠周围土体的围箍作用才能形成桩体，通常桩身压缩量很大，与原地基沉降规律相近，量级相当。

（2）柔性桩。桩身刚度较小，桩体具有一定的黏结强度，能够自身形成桩体，在外荷载作用下，能产生桩身压缩量。若质量可靠，通常桩身压缩量为桩长的 0.5%~1%，约 5~10cm。

（3）半刚性桩（如 CFG 桩）。桩身强度较高，桩体是以水泥为主的胶结材料，在外荷载作用下，有一定的桩身压缩量。若质量可靠，以桩身强度 C15 为例，压缩量为 2~5cm，约占桩长的 0.05%。

（4）PTC 管桩。桩身强度极高，达 C60、C80 级，在外荷载作用下，桩身压缩量只有几毫米，通常可以忽略不计。

3.2.2.2　桩侧摩阻力

（1）散体桩。在外荷载作用下，桩土相对位移一般较小，桩侧摩阻力随荷载水平的增大而逐渐向下传递，但是上部荷载通常只能向下传递到 4~6 倍的桩径深度，桩长范围内不能全部发挥侧摩阻力的作用，破坏形式一般为鼓胀破坏。

（2）柔性桩。在桩体发生上刺入变形前，外荷载作用下，桩身一定范围内有相应的桩体压缩量，使桩土之间产生相应的相对位移，从而使得桩侧产生摩阻力。随着荷载的增大，桩土之间的相对位移不断增大，桩侧摩阻力逐渐增大并向下传递。在不同荷载水平作用下，桩侧摩阻力发挥度不同，桩身范围内桩侧摩阻力产生的区域也就不同。待桩侧摩阻力完全发挥（全桩长），将使桩体产生向下刺入，荷载进一步增大，复合地基的破坏形式主要表现为桩体的刺入破坏。当软土地基可压缩层很厚，桩体很长，而荷载又不是很大，该情况下，桩体存在有效桩长，多余的桩体长度就不能发挥其承载的作用，只能起到安全储备和减少下卧层沉降的作用，桩侧摩阻力没有得到全桩长的发挥。当软土地基可压缩层很薄，桩体较短（超短桩），外荷载又较大时，桩侧摩阻力一般可得到全桩长发挥。

（3）刚性桩。若刚性桩属摩擦桩型，桩侧摩阻力一般可以得到全桩长的发挥。在不同荷载水平下，桩侧摩阻力的发挥度也不相同。若荷载水平小，桩侧摩阻力分布是桩身上段大而下段小，主要由桩身上段发挥侧摩阻力作用；随着外荷载的增大，桩侧摩阻力是逐渐增大并沿桩身逐段下移；若荷载水平很大（达到极限值），桩侧摩阻力可在桩身范围内全桩长发挥。

3.2.2.3 基础刚度

若基础是绝对刚性的，又没有设置垫层，保证了桩体、土体之间的等应变的变形条件，不会产生负摩擦力。

若刚性基础下设置了垫层，则桩体、土体之间的等应变的变形条件得不到满足，在桩顶附近一定区域内将产生负摩擦力，桩侧摩阻力的发挥也是随着荷载的增大而沿桩身逐段发挥并下移。若基础是柔性的，如同刚性基础下设置了垫层。

3.2.2.4 无帽桩与有帽桩及其复合地基

（1）无帽桩。有垫层，荷载作用下，存在以下 4 个问题：1）桩体刚度极大，在桩顶位置应力过于集中；2）桩顶上刺量很大，试验数据表明：在 40cm 加筋碎石垫层中，桩顶刺入了 23.7cm；3）桩间土的荷载分担比较大；4）在桩顶附近较大的区域内存在负摩擦力。

（2）有帽桩。有垫层，在桩顶配置桩帽，荷载作用下，上述 4 个问题可以得到大幅度改善：1）桩顶上刺量很小，试验数据表明：设计荷载作用下，桩帽顶向上刺入量不到 5mm；2）桩体刚度虽然极大，但桩帽面积比桩体面积要大得多，桩顶位置应力分布均匀；3）桩间土的荷载分担比例大；4）在桩帽下土体与桩体之间不存在负摩擦力，而在桩帽边缘处小范围内土体之间存在负摩擦力。

荷载作用下，由于带帽桩体刚度极大，桩体本身不易破坏，桩侧摩阻力发挥度是与荷载水平有关的，荷载水平增大，桩侧摩阻力沿桩身逐渐增大并下移，若刚性桩主要是摩擦桩形式，桩侧摩阻力一般可以得到全桩长的发挥。当桩侧摩阻力增大其极限时，桩体产生了位移（对刚性桩而言，主要表现为桩体的上刺入和下刺入变形），从而把桩体承担的一部分荷载转移到桩帽间土上，即桩帽间土体分担了一部分荷载。随着桩帽间土承载逐步发挥，并增大至其极限承载力时，桩间土的压缩量增加，桩土相对位移增大，桩间土的下沉量比桩体下沉要大得多，从而桩帽间土所承担的荷载又重新分配到桩体上，实现了荷载的二次转移，即通常所讲的二次屈服问题。随着荷载的增大，桩体与桩帽间土体承载相互转移，直至复合地基发生整体剪切破坏。

3.2.2.5　垫层的厚度

散体桩：桩体本身就可是一种散体材料，可作为垫层使用，对于垫层要求是可有可无的。

柔性桩：桩身有一定的压缩量，所设垫层通常较薄，10~20cm 以下即可。

刚性桩：桩身压缩量极小，所设垫层较厚，其厚度应该满足桩土变形协调和扩散角的要求。垫层厚度与桩体中心间距、桩帽大小有关。可以通过调整桩帽大小或桩体中心间距来选择垫层厚度，并可控制桩间土的沉降量，实际上是通过调整桩帽大小或桩体中心间距，以控制作用在桩间土上的荷载。

3.2.2.6　带帽桩复合地基的变形机理分析

实际上应当根据工程应用情况，对带帽 PTC 刚性桩的工作性能作进一步机理分析。对不同的地质条件，设计中可以使用不同桩长的 PTC 刚性桩，一般可形成摩擦型桩、端承型桩及摩擦端承型桩三种形式，三种形式的带帽桩复合地基力学性能及其作用机理、变形机理也不完全相同，如图 3-4 所示。

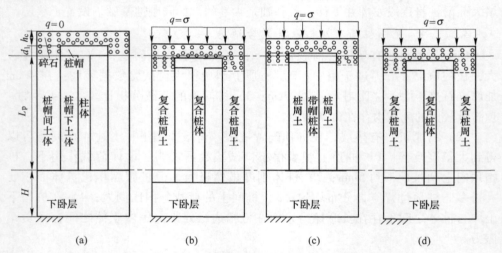

图 3-4　带帽单桩复合地基变形机理图
（a）受力变形前；（b）摩擦型桩；（c）端承型桩；（d）摩擦端承型桩

（1）摩擦型桩（见图 3-4（b））。带帽 PTC 刚性桩若属摩擦型桩，桩长一般应穿透地基软弱土可压缩层，到达一般土层，可以充分发挥桩侧摩阻力的作用。该情形下，侧摩阻力足以平衡上覆荷载，复合桩体一般不会发生下刺现象，即使地基发生下沉，也应属是复合桩体整体下沉，也即桩端平面处桩端与桩帽下土体底面仍可以保持为平面。同时由于有垫层的作用，可确保复合桩体发生上刺现象，使得复合桩周土体始终处于承载状态，即使复合桩体不发生下刺，仍可形成刚性桩复合地基。

（2）端承型桩（见图 3-4（c））。带帽 PTC 刚性桩若属端承型桩，则桩端直接作用于持力层（如岩基）上，带帽桩可视为桩基，桩侧摩阻力近似等于 0。该情形下，复合桩体不会发生下刺现象，但由于按扩散角的要求设置了褥垫层，复合桩体可发生上刺现象，也能够形成复合地基。

（3）摩擦端承型桩（见图 3-4（d））。带帽 PTC 刚性桩若属摩擦端承型桩，桩端有一定的承载力，但主要还是由桩侧摩阻力来提供。该情形下，复合桩主要呈现以上刺为主、下刺为辅的变形特征。在桩端平面处，由于有一定的桩端阻力，使得桩体直径范围内的下刺量要比桩帽体土体的下刺量要大一些，桩端附近桩体与桩帽下土体之间会有一定的相对位移，即桩端与桩帽下土体底部一般不会再保持为平面，而会近似于呈现盆形下刺的特点。

由上述分析可知，对于 PTC 型刚性桩，由于桩身强度极高（C60、C80），桩身压缩量极小（可忽略不计），必须在桩顶位置配置桩帽，并在其上按扩散角的要求设置一定厚度的褥垫层，方能保证形成带帽刚性疏桩复合地基。

3.2.3　沉降计算模型的确定

通过上述对带帽桩的作用机理和变形机理的分析，根据带帽桩复合地基工程应用的实际情况，建立带帽单桩复合地基的沉降计算模型，如图 3-4 所示，并以此作为研究对象。

下面就这种带帽单桩复合地基模型从设计思想、荷载简化等方面作一些说明。

（1）设计基本思想。初次设计时考虑上覆荷载 q 全部由桩体来承担，事实上可通过已有的试桩参数，根据一定的桩土荷载分担比，近似确定桩体应承担的荷载，其余的荷载由桩帽下土体来承担。可以通过试桩试验，利用不同荷载水平下的桩土荷载分担比数值，拟合出桩土荷载分担比与荷载水平的关系曲线，因此可以确定任意荷载水平作用下的桩土荷载分担比。可以根据已知条件参数（包含土层地质条件、静探资料等内容），初步选择合适的桩径 D、桩长 L 及桩间距 B_1。桩顶通过钢筋笼固结桩帽，各桩帽之间用碎石回填，桩帽上部铺筑一定厚度的垫层，垫层材料选用碎石或灰土，从而可形成刚性桩复合地基。PTC 管桩属摩擦端承型桩，桩长基本上穿透可压缩土层，能够有效控制地基沉降，并且设计桩间距均大于 6 倍的桩径，故处理方案可形成 PTC 型控制沉降疏桩复合地基。按建筑桩基规范，当桩间距大于 6 倍的桩径时，可不考虑群桩相互作用的影响，只需考虑单桩及其处理土体面积。因此，对该模型可以以单桩的处理面积作为研究对象，并取桩体中心间距为计算宽度，如图 3-5 所示，后面的第 5 章、第 6 章对此也有相关说明。

上覆荷载 q 通过垫层的扩散作用（逆向）主要均匀分布于桩帽顶部，浅层内

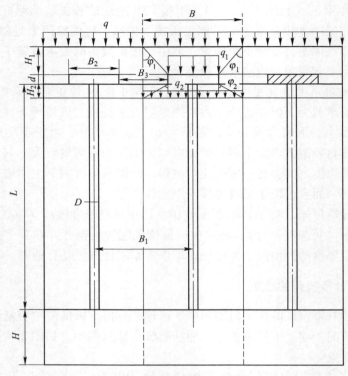

图 3-5　沉降计算模型示意图

桩帽间的土体表面也承担一定的荷载作用，除此之外还起传递荷载的作用。桩帽顶部的均布荷载 q_1 由桩体和桩帽下土体共同承担，对于某一具体单桩在某一级荷载水平作用下，桩体和桩帽下土体之间的荷载分担比应该是一个定值，这个定值可通过试桩来确定，但是对于不同的单桩（包括桩长、布置位置等）或者是不同的荷载水平，这个定值又会在一个区间内变化。桩顶受力通过桩侧摩阻由上部向深层传递，数值上一般呈递减趋势。由于桩帽近似于板的作用，桩帽下土体所承担的荷载可以按地基应力扩散原理并按一定的扩散角（一般为地表土的内摩擦角）向下扩散，不妨将所扩散的平面（假定该平面在桩帽下 H_2 位置）称为等效层面。此时不考虑桩体的影响，在等效层面土体上作用的荷载又可以认为是均布荷载 q_2，因为除去等效层面以上部分，研究等效层面及其以下，则原受力模型可看成是桩间土体表面受均布荷载和桩顶受均布荷载作用的 Boussinesq 问题。因为桩体刚度比桩间土体的刚度大得多，因此等效层面以下加固区的沉降可按桩间土体表面受均布荷载作用的 Boussinesq 问题求解，桩顶荷载和桩侧摩阻力引起加固区土体沉降则可按 Mindlin 问题求解，二者联合可认为是加固区土体的沉降量。下卧层的压缩量则可以通过桩端阻力求出桩端平面按 Mindlin 问题 Geddes 积分求解。根据建筑桩基规范，当桩体中心间距大于 6 倍桩径时，PTC 管桩复合地基沉降可以只取一个计算宽度加以研究，研究带帽单桩复合地基的沉降量计算，并以此来取代 PTC 管桩复合地基的沉降。

（2）图中各尺寸的确定。由给定上覆荷载 q 和地质条件，初步定出桩径 D 和桩间距 B_1，假设桩帽呈正方形，宽度为 B_2，桩帽间距离为 B_3，则 $B_2 + B_3 = B_1$ 为定值。因此 B_2 和 B_3 之间只要确定一个就可以定出另一个值，同时垫层的厚度 H_1 也确定，$2H_1 \tan\varphi_1 = B_3$。在 B_2 和 B_3 之中，一般桩帽宽度 B_2 易于控制，故先定 B_2 后定 B_3。至于桩帽的效用，可以假设两种极端现象来进行讨论：

1）不设桩帽，即 $B_2 = 0$，则 $B_3 = B$（计算宽度，即为带帽单桩处理宽度、桩间距），此时要满足上覆荷载 q 全部扩散至桩顶上，则要求垫层厚度满足 $2H_1 \tan\varphi_1 = B$，此时相当于无桩帽的单桩。该情况下桩体荷载集中系数（理论值）$k = Bq/q = B \gg 1$，桩顶向上刺入明显。通过试验，荷载作用下无桩帽单桩刺入垫层量达到 23.3cm（垫层厚 40cm），可见不设桩帽，桩顶向上刺入破坏垫层明显。另一方面虽设桩帽，但垫层厚度 $H_1 > B/(2\tan\varphi_1)$，此时桩帽虽有但形如空设，没有充分发挥桩帽的作用，并且造成浪费。

2）取桩帽宽度 B_2 为单桩计算宽度 B，则有 $B_3 = 0$，此时有上覆荷载 q 无扩散作用，作用于桩帽顶上的荷载仍然为 q，荷载集中系数为 $k = 1$，相当于把所有的桩帽连在一起，形成复合桩基。虽安全可靠，但工程造价偏高，并且对于高速公路路堤荷载的特点，不宜采用复合桩基的地基处理形式。

通过带帽单桩复合地基静载荷试验，经测定桩帽刺入垫层量仅有 1cm（加筋垫层厚 40cm），故桩帽作用明显，可以大大减少桩体向上刺入垫层量，有利于保护垫层。

由上述两种极端现象可看出，桩帽宽度 B_2 由 0 变化到 B_1 计算宽度，荷载集中系数由 B（$B \gg 1$）变化到 1。因此，桩帽具有均化荷载效应，降低荷载集中系数的作用，但是桩帽宽度应有一个最优值，取何值为最优应进一步研究和分析。

下面讨论工程桩设计：

桩径 $D = 0.40$m，桩长 $L = 29$m，桩间距 $B_1 = 3.0$m，桩帽正方形，宽度 $B_2 = 1.5$m，则 $B_3 = 1.5$m，垫层材料为碎石（内摩擦角 $\varphi_1 = 29°$），则 $H_1 = 1.35$m；垫层材料为灰土（内摩擦角 $\varphi_1 = 28°$），则 $H_1 = 1.41$m。若垫层厚度 $H_1 < 1.35$m（碎石垫层）或垫层厚度 $H_1 < 1.41$m（灰土垫层），则上覆荷载 q 不能全部扩散至桩帽顶部。此时桩帽间土体应承担荷载作用，垫层下土体和桩体变形模量相差太大，两者刚度也相差太大，因此桩帽间这部分承担荷载作用的土体变形量比同层面的其他各处要大得多，造成桩帽间土体下凹明显，形成土拱效应，这是高速公路设计力求避免的。故在桩帽宽度确定的情况下，垫层厚度应满足相应条件，使得土拱效应不明显，确保路面平整度满足设计要求。

（3）等效层面位置的确定。H_2 应满足等式 $2H_2\tan\varphi_2 = B_1 - B_2 = B_3$，图中 q_1 和 q_2 分别由桩土荷载分担比和等效扩散原理来确定。假定桩、土荷载分担比分别为 δ_p 和 δ_s，则有：$q_1 = k_1 q$，$q_2 = k_2 q_1$，$k_1 = 1 + B_3/B_2$，$k_2 = \delta_s B_2/B_1$，再有：$q_2 = k_3 q$，$k_3 = k_1 k_2 = \delta_s$。

3.3　沉降计算模式的确定

当前复合地基沉降变形计算理论正处在不断发展和完善的过程中，还无法更精确地计算其应力场而为沉降计算提供合理的模式，因而复合地基的沉降变形计算多采用经验公式，详见第一章有关内容。通过对摩擦桩型、端承桩型及摩擦端承桩型三种形式的带帽桩复合地基变形机理的分析，相应于三种桩型的带帽桩复合地基沉降计算，可分别按复合地基沉降计算、桩基沉降简化计算、桩间土沉降计算等三种模式。

3.3.1　复合地基模式

采用复合地基沉降计算的思路，总沉降 $S = S_1 + S_2 + S_3$，S_1 为垫层压缩量，S_2 为桩长范围内加固区的压缩量，S_3 为桩端以下（下卧层）土的压缩量。其中垫层压缩量 S_1 一般较小，通过试验观测，极限荷载作用下其值一般在 1cm 左右，因此可以估算或者忽略不计，这与其他文献观点一致。S_2 的计算方法较多（见第 1 章相关内容），考虑到桩帽顶与桩帽间土体沉降量相差很小，二者可近似满足等应变条件，则可采用复合模量法；S_3 的计算方法采用分层总和法，但应该考虑以下两方面因素：一是加固区下卧层面上附加应力的确定；二是计算深度的确定。计算深度可根据试验桩身轴力、桩周土压力曲线或由经验来确定。

3.3.1.1　加固区沉降计算——改进复合模量法

在工程中应用较多，且计算结果与实际比较符合的是复合模量法。吴慧明指出，对于刚性基础下柔性桩复合地基来说，采用复合模量法来计算加固区的沉降还是比较合适的。但复合模量法应用的前提条件是桩土变形协调。由于在控沉疏桩复合地基的设计中，在桩顶部配置一桩帽，同时在桩帽的顶部设置一加筋碎石褥垫层（可视为刚性基础），因此从理论上基本可以做到桩土变形协调，通过双桩复合地基剖面沉降观测、桩顶与载荷板沉降差关系（第 2 章）可以近似认为三者之间竖向是等量变形的，能够近似满足复合模量法应用的前提。因此在计算加固区沉降时，可以采用复合模量法计算。依据沉降计算模型，只考虑等效层面以下加固区的沉降。复合模量法关键在于加固区复合模量的确定，为此在常规的复合模量面积加权计算公式的基础上，提出体积置换率概念，并对计算公式进行修正，各组成部分采用相应的变形模量。工程实践表明，桩周土体由于在静压沉桩过程中受扰动、挤压，使得在桩周围一定范围内土体具有复杂的结构性质，这一部分土体的结构性质随着离开桩土界面的距离而逐渐接近于原状土的性质。一般认为桩周土体扰动影响范围的核心区在（1~3）倍桩径之间，因此在这部分区域内，土体的力学性能指标——土体压缩模量应有所改善，并得到提高。考虑桩体的挤密效应，将桩帽下土体视为一种"过渡层"，该过渡层的压缩模量可先假定按指数型或双曲线型变化，然后再进行验证，而对桩帽间的土体压缩模量则认为不受沉桩的影响，仍采用原状土的力学指标。考虑土体的不均匀性，采用层状地基，土层划分依据地质条件。实际应用中，认为桩帽下土体的压缩模量是桩帽间土体压缩模量的一个倍数关系。计算时先求出各土层相应区域（桩帽下与桩帽间）土体的变形模量（土体的变形模量可用距离桩中心 r 的函数来表示），其次将各土层变形模量通过加权平均计算，求出加固区相应土层的复合模量。如此处理，该方法可以反映出桩长、桩间距（置换率）、地层的不均质性等因素对加固区沉降量的影响。

复合模量修正计算公式：

$$E_{ci} = f_i(m)E_{pi} + f_{1i}(m)E_{s1i} + f_{2i}(m)E_{s2i}$$

式中　E_{ci}，E_{pi}，E_{s1i}，E_{s2i}——分别为第 i 土层复合地基的复合模量、桩体弹性模量、桩帽下土体变形模量及桩帽间土体的变形模量；

　　　　$f_i(m)$，$f_{1i}(m)$，$f_{2i}(m)$——分别为第 i 土层与相应面积置换率 m 有关待定系数，可由各部分在复合地基所占比例确定。

3.3.1.2　加固区下卧层沉降简化计算——Geddes 积分解

采用单向压缩分层总和法，计算范围（深度）初定 0.5~1 倍桩长。根据试验得出的桩周土压力随深度变化曲线及桩身轴力随深度变化曲线（PTC 管桩不存在临界桩长，可全长发挥侧摩阻力），加固区下卧层面上作用认为是桩端阻力，附加应力可以采用天然状态下的计算方法。

3.3.1.3　碎石垫层压缩量简化计算

采用材料力学方法、估算方法或采用实测数据。

3.3.2　桩帽间土体沉降模式

根据单桩静载荷试验结果可知，带帽控沉疏桩复合地基中桩体是主要承载对象，桩帽间土承载力随荷载增大而增大，可以根据地表土压力的变化曲线的突变规律确定基桩极限承载力，同时桩帽间土受压后有一定的影响深度，其数值一般与桩长有关，25m 桩长受压影响深度约为 9m，29m 桩长受压影响深度约为 15m，均小于桩长。因此这种现象为用桩帽间土体在受压影响深度范围内的沉降来代替复合地基沉降提供了思路。

　　依据确定的沉降计算模型，不考虑复合桩体的情况，提出采用计算桩帽间土体在受压影响深度范围内的沉降来代替复合地基沉降的计算模式。在桩帽间土体表面上作用有均布荷载（由试验结果或由桩土荷载分担比拟合曲线来确定桩帽间土实际分担的荷载），按 Boussinesq 问题进行求解，计算深度的选择可以依据静载试验的结果。为确保安全起见，可选择桩长范围作为计算深度，按单向分层总和法计算该影响深度内的地基沉降，各土层变形模量的选取也可参照复合模量法中的取法。如果考虑碎石褥垫层对复合地基沉降量的影响，可将桩帽间土体沉降量与垫层压缩量二者之和作为复合地基的总沉降量。该沉降计算模式实质上就是天然地基沉降计算的分层总和法，因此可使复合地基沉降计算得到很大的简化。

3.3.3　桩基沉降简化计算模式

　　通过对带帽复合桩体作用机理的初步分析可知，由于桩帽近似于刚性板的作用，复合桩体中桩身和桩帽下土体在竖向基本上是发生等量变形的，因此可以根据试桩荷载分担比参数，求出桩顶荷载分量和桩帽下土体的荷载分量，分别求出桩身压缩量和桩帽下土体的压缩量，二者理论上应该近似相等。带帽 PTC 型刚性疏桩复合地基，由于预应力混凝土管桩桩身强度高，因此在设计荷载（路堤荷载）作用下，通过计算桩身只发生极小的弹性变形，甚至不发生，其值对路堤总沉降影响很小，即加固区沉降在复合地基总沉降中所占比例较小。同时褥垫层的压缩量也很小，二者之和可忽略不计，因此只考虑桩端平面以下部分的沉降，即只考虑加固区下卧层的沉降量计算，并以下卧层的沉降量作为复合地基的总沉降。

　　该计算模式首先需要确定加固区下卧层面上的应力分布，分两种情况进行说明：

　　（1）PTC 管桩作为摩擦型桩，侧摩阻力的发挥是其承载的主要因素，作用于桩帽顶部的荷载会以一定的角度扩散至下卧层面，但扩散区域以单桩计算宽度为限，即不考虑上部荷载向下扩散产生的交替影响。因此可把加固区下卧层面上的荷载视为均匀分布载荷，其大小近似与上覆荷载相等。

　　（2）PTC 管桩作为端承型桩，桩体主要起荷载传递作用，桩侧摩阻力几乎不起作用，作用于加固区下卧层面上的荷载即可认为是桩帽顶的均布荷载。简言之，可以把加固区看成是一种复合的褥垫层结构，能够起到把上覆荷载传递至下卧层面。综合分析，加固区下卧层面上的应力分布认为是上覆荷载，根据通用的 Boussinesq 半无限空间解求出加固区底面以下的附加应力，由此采用分层总和法计算下卧层沉降变形量。

3.4 PTC 型控沉疏桩复合地基沉降计算及结果分析

根据工程地质勘察资料（K33+384 孔），试桩区地层从上往下各土层的物理力学性能参数见表 3-4，详见第 2 章有关内容。

表 3-4 试桩区土层物理力学性能参数

序号	土的名称	埋深 /m	含水量 W_o/%	密度 ρ_o /g·cm^{-3}	相对密度 G	孔隙比 e_o	压缩系数 $a_{0.1-0.2}$ /MPa^{-1}	压缩模量 $E_{s0.1-0.2}$ /MPa
1	灰色砂质粉土	0~12.5	30.9	1.92	2.7	0.84	0.32	5.83
2	灰色粉质黏土	12.5~14.1	33.9	1.84	2.73	0.99	0.57	3.47
3	灰色黏土	14.1~15.6	38.3	1.81	2.74	1.09	0.80	2.62
4	灰色淤泥质黏土	15.6~18.6	48.3	1.72	2.75	1.37	0.85	2.80
5	灰色粉质黏土	18.6~33.8	35.8	1.80	2.73	1.06	0.65	3.18
6	绿灰色粉质黏土	33.8~38	24	1.98	2.73	0.71	0.25	6.97
7	灰色粉质黏土	38~40	23.6	1.99	2.72	0.69	0.21	8.23

3.4.1 复合地基沉降计算结果

根据第二章试验段的地质条件及现场静载试验的实际荷载水平，列出各种沉降计算模式计算结果，见表 3-5。

表 3-5 各种沉降模式计算结果　　　　　　　　　　（mm）

荷载类别	压缩量	复合地基模式	桩帽间土体模式			桩基简化模式		T5 桩试验值
			15m	20m	29m	摩擦型桩	端承型桩	
荷载水平	加固区压缩量	3.8281						
	下卧层压缩量	0.3533						
500kN	垫层压缩量	0.1111						
55.56kPa	总沉降量	4.2925	4.55	5.39	5.89		6.2093	4.34
荷载水平	加固区压缩量	7.6554						
	下卧层压缩量	0.7066						
1000kN	垫层压缩量	0.2222						
111.11kPa	总沉降量	8.5843	11.15	13.21	14.43		13.8677	11.00
荷载水平	加固区压缩量	11.4835						
	下卧层压缩量	1.0600						

荷载类别	压缩量	复合地基模式	桩帽间土体模式			桩基简化模式		T5 桩试验值
			15m	20m	29m	摩擦型桩	端承型桩	
1500kN	垫层压缩量	0.3333						
166.67kPa	总沉降量	12.8768	16.07	19.05	20.81		21.9498	23.44
荷载水平	加固区压缩量	15.3109						
	下卧层压缩量	1.4133						
2000kN	垫层压缩量	0.4444						
222.22kPa	总沉降量	17.1686	22.12	26.21	28.63		30.2028	36.66
荷载水平	加固区压缩量	19.1390						
	下卧层压缩量	1.7667						
2500kN	垫层压缩量	0.5555						
277.78kPa	总沉降量	21.4612	27.65	32.76	35.79		54.4182	69.92

3.4.2　三种沉降模式计算结果比较分析

3.4.2.1　复合地基模式计算

计算结果偏小，随着荷载水平的增大，与试验观测值之间的误差也越来越大。在荷载水平低时，与试验比较接近。复合模量法高估了桩体的作用，使得计算结果偏小。

3.4.2.2　按桩帽间土体模式计算

在设计荷载水平作用下，影响深度为 15m 的计算结果与试验观测值比较接近，随着荷载水平的提高，特别是达到桩体极限荷载以后，各种影响深度的计算值与试验值也相差较大。

采用该模式进行计算时，首先要确定桩帽间土体的荷载分担比 δ_s。δ_s 的确定，可以采用试验值或由试验值进行曲线拟合，拟合时采用多项式，分别考虑按 3 次、4 次、5 次、6 次、7 次多项式，拟合误差分析见表 3-6，拟合曲线如图 3-6 所示。

表 3-6　拟合曲线误差分析

多项式次数	误差/%
3	3.522
4	0.624
5	0.244
6	0.252
7	7.883

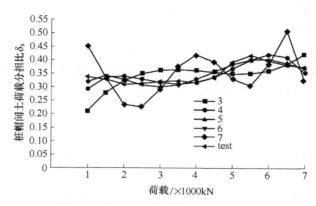

图 3-6　桩帽间土荷载分担比拟合曲线

由表 3-6 可知，当采用 5 次或 6 次多项式进行曲线拟合时，与试验值（test）误差比较小，拟合曲线分别为：

$$\delta_s = 0.3288 \times 10^{-4} + 0.6327Q - 0.4179Q^2 + 0.1184Q^3 - 0.0147Q^4 + 0.6671 \times 10^{-3}Q^5$$

或

$$\delta_s = 0.3211 \times 10^{-4} + 0.6162Q - 0.3884Q^2 + 0.0100Q^3 - 0.9582 \times 10^{-2}Q^4 + 0.1985 \times 10^{-5}Q^5 - 0.3211 \times 10^{-4}Q^6$$

式中　Q——荷载水平，kN。

实际上，桩帽间土荷载分担比与桩体中心间距、桩帽尺寸、垫层厚度、荷载水平等诸多因素有关，就带帽桩复合地基工程应用情况，本文仅考虑荷载水平一个因素，来说明可以采用按桩帽间土沉降计算模式，至于其他因素的影响程度需要进一步研究。若无试桩资料建议采用拟合曲线公式进行沉降计算或工程设计、分析。

3.4.2.3　桩基沉降简化模式计算

在设计荷载水平作用下，其计算结果偏大；在极限荷载作用下，其计算结果又偏小。

由此可以初步确定：在设计荷载水平时，采用桩间土沉降计算模式可以较好地反映复合地基的总沉降；在极限荷载水平时，可以按简化沉降计算模式的进行计算，其结果大致可以反映复合地基的总沉降。

3.4.2.4　计算结果分析

各种沉降计算模式的计算结果与试验观测值均有不同程度上的差别，分析其原因，主要有以下几点：

（1）在设计荷载水平（高速公路路堤荷载较小）作用下，地基土体可近似认为是半无限弹性体，由于复合地基中桩体约束了土体的侧向变形，桩间土的变形特征接近于一维压缩情况，能够满足单向分层总和法的应用前提条件；但在超过桩体极限承载力的荷载水平作用下，地基土体已发生塑性变形，不再满足分层总和法的应用条件，因此必然导致计算结果与试验观测值之间存在差别。

（2）采用复合模量法进行计算时，忽略了桩体与土体之间的不协调变形，这与事实情况不符，并且夸大了复合地基中带帽桩的作用，但在低荷载水平作用下，还是有一定的可信度。

（3）采用桩间土沉降计算模式时，较难确定桩土荷载分担比，需要根据试验参数并加以经验取值。

（4）采用桩基沉降简化模式计算时，下卧层面上附加应力的确定存在困难。

通过上述分析，设计荷载水平时，采用按桩帽间土沉降计算模式进行沉降计算有较高的可信度，并且方法本身为广大工程技术人员所熟悉，建议采用。对于荷载水平较高时，建议采用简化沉降模式。

随着工程经验的积累，各种沉降模式下的计算结果可以乘以相应的折合系数，以求较好的反映实际情形。

3.4.3 长桩型与短桩型控沉疏桩复合地基沉降计算

长桩型：桩体基本上穿透可压缩层，桩体一般属于端承桩型，复合地基总沉降可以用桩身压缩量、垫层压缩量与下卧层沉降量三者之和表示。

短桩型：桩体未穿透可压缩层，桩体一般属于摩擦桩型（悬浮桩），复合地基总沉降可以通过选用三种计算模式任一种来确定。

3.5 本章小节

（1）分析了高速公路路堤沉降变形的特点，指出了高速公路软基处理设计的主要控制因素是路堤沉降，并对高速公路深厚软基处理方案进行了分析和总结。认为地基处理方案主要有排水固结法、超轻质材料法和复合地基法等三大类，由此分析了带帽刚性疏桩复合地基在高速公路深厚软基处理中的适用性及其发展趋势。

（2）根据带帽刚性疏桩复合地基的工程应用情况，分析了带帽疏桩复合地基的形成过程，并对带帽单桩复合地基的变形机理进行了初步的分析，根据试验资料，提出了带帽刚性疏桩复合地基沉降计算模型。

（3）在分析已有复合地基沉降计算模式的基础上，对带帽刚性疏桩复合地基沉降计算提出了可按复合地基沉降计算模式、桩帽间土沉降计算模式、桩基沉降简化模式等三种。根据试验资料，分别按三种沉降计算模式进行计算，并与试验观测值进行了比较与分析，建议在荷载水平低时，可按桩帽间土体沉降模式进行设计和计算，并且该模式下的分层总和法易于工程技术人员所接受。

（4）以带帽刚性疏桩复合地基试验为基础，通过曲线拟合可以确定任一荷载水平作用下的桩帽间土体的荷载分担比，对于其他工程，若无试桩资料，建议采用，并进行校核。

4 带帽 PTC 型刚性疏桩复合地基荷载传递机理研究

按照第 3 章提出的复合单桩模型和带帽单桩复合地基沉降计算模型，根据带帽 PTC 管桩的试验条件和工程应用情况，并通过对带帽双桩复合地基剖面沉降观测，可知桩帽顶与载荷板沉降之间存在一差值，即桩帽顶部与桩帽间土体之间存在沉降差，说明桩帽间土体下陷，相对来讲桩帽顶向上刺入了碎石褥垫层。同时通过各桩身轴力的观测可知，桩尖处存在一定的桩端阻力，说明桩尖也会向下刺入下卧层中。另外，由于 PTC 管桩刚度比土体大得多，则桩身压缩量比加固区土体的压缩量要小得多，因此要保证复合地基的整体性，管桩必会产生上、下刺入变形现象。在这种情况下，垫层-带帽桩-土体三者之间的共同作用非常复杂，对于带帽桩复合地基沉降计算必须考虑三维情况和地质的不均匀性，以合理反映复合地基的变形特征。因此本章在一些假定的基础上，采用等沉面[103]的思想，考虑桩帽顶和桩端发生上、下刺入变形现象，同时利用广义胡克定律，分析带帽 PTC 型刚性疏桩复合地基的一些力学性状，包括带帽 PTC 型刚性疏桩复合地基褥垫层的作用，提出复合桩土应力比和复合桩面积置换率的概念，并推导出复合桩土应力比的计算公式。通过工程实例，分析了桩体中心间距、桩长、桩帽尺寸、垫层变形模量、下卧层土体变形模量、桩帽间土体变形模量、土体静止侧压力系数等因素的影响。另外根据文献 [104] 的思路，本书采用荷载传递函数法，考虑桩帽下与桩帽间的土体所分担的荷载对桩体荷载传递规律的不同影响，基于合理的假设和弹性力学理论对带帽复合单桩的桩土相互作用和带帽单桩复合地基桩土相互作用进行了线性分析，并得到相应的控制微分方程，包括带帽桩复合地基的荷载沉降、桩身应力、桩侧摩阻力随荷载水平、深度变化的分布规律等内容。

4.1 刚性桩复合地基褥垫层的作用

4.1.1 基础下设置褥垫层的必要性

前面提到复合地基的形成条件，要能够满足桩体和桩间土共同承担上部结构传来的上覆荷载，也就是说，桩间土始终都要处于承载状态。应该指出的是，并不是只要在地基中加入桩体，桩间土就能参与承担荷载。为了使桩间土始终都主动参与承担荷载作用，在刚性基础下设置一定厚度粒状散体材料组成的褥垫层可以为其提供保障。这是因为在荷载作用下，桩体的模量远大于桩间土的模量，桩间土表面变形大于桩顶变形，设置了褥垫层，人为提供桩体上刺的条件，伴随桩体向上刺入褥垫层的这一过程，粒状散体材料不断调整补充到桩间土表面上，基础通过褥垫层始终与桩间土保持接触，桩间土始终参与工作，桩间土承载能力可以得到发挥。

基础下是否设置褥垫层，对复合地基受力影响很大，特别是对刚性桩复合地基，如果基础下不设置褥垫层，刚性桩复合承载特性与桩基础相似，在给定荷载作用下，桩体承担较多荷载，随着时间增加，桩发生一定沉降，一部分载荷逐渐向土体转移，桩承担的荷载随时间增加而有所减少，土体承担的荷载随时间增加而有所增加。桩间土承载力发挥依赖于桩的沉降，如果桩端落在坚硬土层上，桩的沉降很小，桩上荷载向土体转移的数量很小，桩间土承载力难以发挥，很难形成刚性桩复合地基。基础下设置褥垫层，桩间土承载力的发挥就不单纯依赖于桩的沉降。即使桩端落在坚硬土层上，也能保证荷载通过褥垫层作用到桩间土上，使桩和桩间土共同承担荷载。因此，基础下设置一定厚度的褥垫层实属必要，是保证形成复合地基的一个必要条件，特别对刚性桩复合地基而言，更是如此。

4.1.2 褥垫层的作用

4.1.2.1 保证桩、桩间土共同承担荷载

若基础下不设置褥垫层，特别是对刚性桩复合地基，如果基础直接与桩和桩间土接触，在垂直荷载作用下承载特性和桩基差不多。在给定荷载作用下，桩承担较多的荷载，随着时间的增加，桩发生一定的沉降，荷载逐渐向土体转移。其时程曲线的特点是：土承担的荷载随时间增加逐渐增加，桩承担的荷载随时间逐渐减少。如果桩端落在坚硬土层上，桩的沉降很小，桩上荷载向土体转移的数量很小，桩间土承载力难以发挥。在基础下设置一定厚度的褥垫层，情况就不一样，即使桩端落在坚硬土层上，也能保证一部分荷载通过褥垫层作用到桩间土上。在特定荷载作用下，桩、桩间土受力不再随时间变化转移，而为一常数。

4.1.2.2 调整桩、土荷载分担比

刚性桩复合地基桩、土荷载分担，可用桩、土应力比 n 来表示，也可用桩、土荷载分担比 δ_p、δ_s 表示。当褥垫层厚度 $h_c = 0$ 时，桩、土应力比很大。在软土中，桩、土应力比 n 可以超过 100，桩体分担的荷载相当大。当褥垫层厚度 h_c 很大时，桩、土应力接近于 1，此时桩的荷载分担比很小，并有 $\delta_p = m$。试验表明，适当的褥垫层厚度，可保证桩间土承载能力超前发挥。桩身刚度大，桩沉降小，褥垫层厚度取大值；桩身刚度小，桩沉降大，褥垫层厚度取小值。可见刚性桩复合地基桩、土应力比可以通过调整褥垫层的厚度、变形模量来达到设计要求。

4.1.2.3　减小基础底面的应力集中

当褥垫层厚度 $h_c=0$ 时，即基础与桩之间不设褥垫层，桩对基础的应力集中现象很显著，和桩基础一样，需要考虑桩对基础的冲剪破坏。当褥垫层厚度 h_c 增大到一定程度后，基底反力即为天然地基的反力分布，桩对基础应力集中相应得以减小。试验表明：当褥垫层厚度不小于 10cm，桩对基础的应力集中很小。

4.1.2.4　调整桩、土水平荷载的分担

当没有褥垫层，基础受到水平荷载作用时，水平荷载主要由桩体来承担。若设置一定厚度的褥垫层，作用在桩顶及桩间土的剪应力相差不大，桩顶所受剪力占水平荷载的比例大体与面积置换率相当，故桩顶承担水平力较小，水平荷载主要由桩间土承担。设基础与褥垫层材料之间的摩擦系数为 0.25～0.45，试验表明：褥垫层厚度不小于 10cm，桩体不会折断，桩体在复合地基中不会失去工作能力。可见，褥垫层也有利于减小桩顶的水平应力集中现象，复合地基比天然地基抵抗水平力的能力更强。

4.2　带帽刚性疏桩复合地基复合桩土应力比的计算与分析

4.2.1　桩土应力比与复合桩土应力比

复合地基的桩土应力比一般是指对某一桩土组成的复合地基（实质上是对其等效单元体而言），荷载通过褥垫层的传递分别作用于桩顶和桩间土表面上，桩顶的平均应力与桩间土表面的平均应力两者之比值。从桩土应力比的概念可以看出：首先，桩和桩间土所承担的荷载是可以分解为两组的，即荷载水平一定时，桩顶、桩间土表面平均应力是有明确界限的，按照常见的桩型（类似于等截面直杆）复合地基来说，桩与桩间土所分担的荷载是可以满足这一点的；其次，桩体和桩间土所用作比较的应力在两者上是有明确位置的，即在桩顶位置和桩间土表面，而且两者基本上是处于同一水平截面上，因为两者在不同位置上的应力值及其比值一般不相同。对于本文所提及的带帽刚性疏桩复合地基（或称异形桩复合地基）来说，尤其是对带帽桩，究竟是用桩帽顶的平均应力还是用桩顶位置上的平均应力来进行比较，而对作用于桩间土体表面的应力同样存在取值的问题，是只用桩帽间土体表面的平均应力还是用包含了桩帽下土体的整个土体表面的平均应力，因此如果仍然沿用以前概念来说明带帽桩复合地基的桩土应力比，则显得不是那么确切。为此根据试验结果，针对带帽刚性疏桩复合地基，提出复合桩土应力比的概念。定义复合桩土应力比为荷载通过褥垫层的传递作用于桩帽顶和桩帽间土体表面上，桩帽顶平均应力与桩帽间土体表面平均应力之比值。桩帽顶荷载由桩体和桩帽下土体共同承担，桩帽顶的平均应力包含了桩帽下土体所承担的一部分，故用复合桩土应力比来描述带帽桩复合地基比较确切，以区别于一般概念的桩土应力比。对于带帽桩复合地基的面积置换率也存在同样的取值问题，提出复合桩面积置换率，以区别于一般概念上的面积置换率。定义复合桩面积置换率为桩帽顶的面积与其相应的处理面积之比值。

4.2.2　基本假设

带帽单桩复合地基的桩土应力比的分析需要考虑垫层—复合桩—土体的共同作用，这使得要求解所研究问题的解析解变得非常困难。为使问题的复杂性得以适当简化，作如下假定：

（1）在设计荷载作用下，带帽刚性桩、碎石褥垫层和桩帽间土体、桩帽下土体均可简化为理想线弹性体。

（2）桩帽类似于起刚性板作用，可将桩帽、桩体和桩帽下土体视为一个复合桩体。狭义上说，复合桩体可看成是一种特殊的无帽单桩，从该角度考虑，无帽单桩是带帽单桩的一种特殊情况。带帽单桩复合地基等效单元体则是由复合桩体与复合桩周土体（即桩帽间土体）所组成，考虑复合桩体与复合桩周土体之间的摩擦阻力作用，不考虑桩体与桩帽下土体之间的摩擦阻力（第4.4节理论分析表明数值上前者比后者大）。

（3）刚性桩刚度大且桩径比桩帽尺寸小得多，可以不考虑复合桩体（即桩体和桩帽下土体）的径向变形和复合桩周土体（即桩帽间土体）的径向变形；由于深搅桩、CFG桩等半刚性桩的桩体刚度比土体刚度大，也可近似满足桩体径向变形忽略不计的假设。

（4）复合桩体中桩和桩帽下土体共同工作，桩帽下的土体在桩帽承载作用的影响下可以随桩身一起发生变形，且竖向变形量与桩身压缩量相同。复合桩体的压缩变形量可以用带帽桩身压缩量来代替。

（5）考虑桩体的影响和土层的不均质性，按地质条件分层，即可把加固区复合桩周土体简化成层状地基，同层土体可视为均质；相应层间微段桩体侧摩阻力分布形式可近似采用别伦（Bgerrum）摩擦力公式，加固区内桩体侧摩阻力分布形式整体则为非线性。

（6）设载荷板（承台）绝对刚性，并且垫层、桩端平面处土体分别采用Winkle地基模型。

（7）桩体复合地基沉降计算应该考虑三维情形，以反映地基的变形特征。

（8）以桩帽间土体沉降变形控制确定带帽桩复合地基的特征参数，尺寸优化，利用试桩成果进行反分析。

4.2.3　计算模型的建立

通过第三章带帽单桩复合地基的作用机理分析，可以假定复合桩体既能发生上刺现象又能发生下刺，同时为了计算方便，但又不失一般性，可以假定复合桩发生下刺后桩端平面处仍然保持为平面。可知在碎石褥垫层传递上覆荷载的作用下，复合桩体会发生向上刺入碎石褥垫层，向下则刺入下卧层，这就使得复合桩体在桩身范围内的压缩变形与复合桩周土体的压缩变形不完全一致。在复合桩体一定深度 L_0 范围内会出现负摩擦阻力，也即复合桩体一定深度 L_0 处会出现复合桩体与复合桩周土体沉降变形量相等的等沉面。在等沉面以上，复合桩周土体将相对复合桩体向下移动，从而对复合桩体产生负摩擦阻力。在等沉面以下，复合桩体将相对于复合桩周土体产生向下的移动，因此复合桩周土体对复合桩体产生正摩擦阻力[102,105,106]。

为推导出带帽桩复合地基中复合桩土应力比的计算公式，带帽单桩复合地基计算模型如图 4-1 所示。由图可知，碎石褥垫层变形模量 E_c，等沉面上下桩体弹性模量 E_{pu} 和 E_{pd}，等沉面上下复合桩周土体的变形模量分别为 E_{s2u} 和 E_{s2d}，桩体直径 D_p，桩帽尺寸为 $a_1 \times a_1 \times d_1$，承台尺寸（单位计算宽度）为 $a_2 \times a_2 \times d_2$，桩体横截面积为 $A_p = \pi D_p^2 / 4$，复合桩体（桩帽）的横截面积 $A_{cp} = a_1^2$，复合桩周土体横截面积 $A_{s2} = a_2^2 - a_1^2$，复合桩体处理面积为 $A = a_2^2$。由于忽略复合桩体和复合桩周土体的径向变形，则复合桩面积置换率是一定值，为 $m_c = A_{cp} / A$，并设 $m_{s2p} = A_{s2} / A_p$。

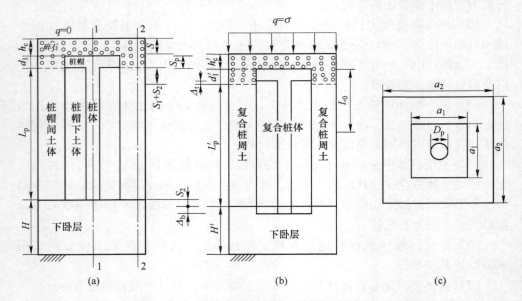

图 4-1 带帽单桩复合地基桩土体受力变形图
（a）受力变形前；（b）受力变形后；（c）平面示意图

（1）加荷载前：桩帽顶上部垫层厚度 h_c，桩帽厚度 d_1，即桩帽间土体顶面至桩帽顶面的碎石褥垫层的厚度，桩长 L_p，加固区厚度 L_p，下卧层厚度 H。

（2）加荷载后：桩帽顶上部垫层厚度 h_c'，桩帽间土体顶面至桩帽顶面的碎石褥垫层的厚度 d_1'，加固区厚度 L_p'，下卧层厚度 H'。

4.2.4 复合桩体变形协调方程的建立及求解

4.2.4.1 变形协调方程的建立

已有成果是建立在一维单向均质地基沉降计算基础上的，对于带帽桩体复合地基沉降计算必须考虑三维情况和地质的不均匀性，以合理反映带帽刚性疏桩复合地基的变形特征。因此根据桩帽顶有向上刺入变形和桩端有向下刺入变形的假设，通过位移变形协调关系，利用广义胡克定律并考虑层状地基的不均质性，推导带帽桩复合地基的复合桩土应力比公式，分析了桩体中心间距、桩长、桩帽尺寸、垫层变形模量、下卧层土体变形模量、桩帽间土体变形模量、静止侧压力系数和荷载水平等因素的影响。

均布荷载 $q=\sigma$ 经过碎石褥垫层的调整后，作用于复合桩体顶面的均布荷载为 σ_{cpt}，作用于复合桩周土体顶面的荷载为 σ_{s2t}。在荷载 σ 作用下，载荷板底面总沉降为 S，加固区压缩总量为 S_1，下卧层的压缩量总量为 S_2，桩帽顶部碎石褥垫层的压缩量 Δh_c，桩帽间碎石压缩量为 Δd_c，桩帽顶的上刺入量为 Δ_t，桩端的下刺入量为 Δ_b，下卧层的压缩变形量为 ΔH_c，并有 $\Delta H_c = S_2$。因此可取复合桩体纵断面 1-1 与复合桩周土体纵断面 2-2，对复合桩体与复合桩周土体进行变形分析，以建立两者之间的变形协调方程。

等沉面以上，纵断面 2-2 的复合桩周土体的压缩变形量与碎石褥垫层压缩变形量之和应等于纵断面 1-1 的复合桩体的压缩变形量与复合桩体刺入碎石褥垫层的刺入量之和，由此可得如下关系式：

$$\int_0^{L_0} \varepsilon_{s2u}(z)\,dz + (\Delta h_c + \Delta d_c) = \int_0^{L_0} \varepsilon_{pu}(z)\,dz + \Delta_t \tag{4-1a}$$

该式等效于：

$$\int_0^{L_0} \varepsilon_{s2u}(z)\,dz = \int_0^{L_0} \varepsilon_{pu}(z)\,dz + c_t(\sigma_{cpt} - \sigma_{s2t}) \tag{4-1b}$$

式中　$\varepsilon_{s2u}(z)$，$\varepsilon_{pu}(z)$——分别为等沉面以上复合桩周土体和复合桩体的竖向应变；

　　　　　c_t——复合桩体顶面作用于基础单位压力时的竖向上刺入变形，m/kPa；

其他符号意义同上。

等沉面以下，纵断面 2-2 的复合桩周土的压缩变形量与下卧层压缩变形量之和，应等于纵断面 1-1 的复合桩体的压缩变形量与复合桩体刺入下卧层的刺入量之和，由此可得如下关系式：

$$\int_{L_0}^{L_p} \varepsilon_{s2d}(z)\,dz + \Delta H_c = \int_{L_0}^{L_p} \varepsilon_{pd}(z)\,dz + \Delta_b \qquad (4\text{-}2a)$$

该式等效于：

$$\int_{L_0}^{L_p} \varepsilon_{s2d}(z)\,dz = \int_{L_0}^{L_p} \varepsilon_{pd}(z)\,dz + c_b(\sigma_{cpb} - \sigma_{s2b}) \qquad (4\text{-}2b)$$

式中　$\varepsilon_{s2d}(z)$，$\varepsilon_{pd}(z)$——分别为等沉面以下复合桩周土体和复合桩体的竖向应变；

　　　　σ_{cpb}，σ_{s2b}——分别为等沉面以下复合桩体底平面处桩体底面与复合桩周土体底面的竖向应力，kPa；

　　　　c_b——复合桩体底面作用于下卧层单位压力时的竖向上刺入变形，m/kPa；

其他符号含义同上。

4.2.4.2　等沉面以上变形协调方程的求解

根据复合桩周土体层状特性的假设，不妨设等沉面以上复合桩周土体层数为 n_1，与之相对应，可将等沉面以上复合桩中桩体分成 n_1 段，每段建立局部坐标 z_i，坐标原点位于每个微段的上方。

（1）复合桩周土体压缩变形量的求解。

设等沉面以上的第 i 段复合桩周土体厚度为 l_{ui}（$i=1$，…，n_1），$0 \leqslant z_i \leqslant l_{ui}$，在其中取微段为研究对象，如图 4-2 所示（根据对称性，等效单元体外侧表面的摩擦阻力为 0，不计）。不考虑复合桩周土体自重，仅考虑附加应力，由微段的竖向静力平衡条件可得：

$$\sigma_{s2ui}(z_i) \cdot A_{s2} - [\sigma_{s2ui}(z_i) + d\sigma_{s2ui}(z_i)] \cdot A_{s2} - \tau_{cpui}(z_i) \cdot 4a_1 \cdot dz_i = 0 \quad (4\text{-}3)$$

即：

$$\frac{d\sigma_{s2ui}(z_i)}{dz_i} + \frac{4a_1}{A_{s2}}\tau_{cpui}(z_i) = 0 \qquad (4\text{-}4)$$

试桩试验表明，桩侧摩阻力可采用别伦摩擦力公式，即 $\tau_{cpui}(z_i) = K_{0ui} \cdot \tan\varphi_{ui} \cdot \sigma_{s2ui}(z_i)$，$K_{0ui}$ 为第 i 段复合桩体中桩帽边缘土与土之间的静止侧压力系数；φ_{ui} 为第 i 段复合桩体中桩帽边缘上土与土之间的摩擦角；$\sigma_{s2ui}(z_i)$ 为等沉面以上第 i 段复合桩周土体 z_i 平面位置的竖向有效应力，代入别伦公式，则式（4-4）可简化为：

$$\frac{d\sigma_{s2ui}(z_i)}{dz_i} + \alpha_{ui}\sigma_{s2ui}(z_i) = 0 \qquad (4\text{-}5)$$

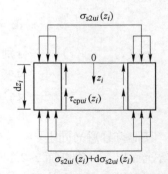

图 4-2　复合桩周土体单元受力图

式中，$\alpha_{ui} = \dfrac{4a_1}{A_{s2}}K_{0ui} \cdot \tan\varphi_{ui}$。

求解式（4-5），并结合边界条件，当 $z_i = 0$ 时，$\sigma_{s2ui}(0) = \sigma_{s2uti}$，得：

$$\sigma_{s2ui}(z_i) = \sigma_{s2uti}e^{-\alpha_{ui}z_i} \tag{4-6}$$

式中　　σ_{s2uti}——等沉面以上第 i 段复合桩周土体顶面的竖向应力值，当 $i=1$ 时，

$$\sigma_{s2ut1} = \sigma_{s2t}。$$

根据复合桩周土体应力连续条件，第 $i-1$ 段复合桩周土体底部竖向应力等于第 i 段复合桩周土体顶面竖向应力，两者实质上是一对作用力与反作用力，即：

$$\sigma_{s2ui}(0) = \sigma_{s2u(i-1)}(l_{u(i-1)}) \tag{4-7a}$$

则有：

$$\sigma_{s2uti} = \sigma_{s2u(i-1)}(l_{u(i-1)}) \tag{4-7b}$$

根据基本假设（3），不考虑复合桩周土体之间的径向变形，即有 $\varepsilon_{s2ui}(x_i) = \varepsilon_{s2ui}(y_i) = 0$，

同时根据广义胡克定律有：

$$\varepsilon_{s2ui}(x_i) = \frac{1}{E_{s2ui}}\{\sigma_{s2ui}(x_i) - \mu_{s2ui}[\sigma_{s2ui}(y_i) + \sigma_{s2ui}(z_i)]\} \tag{4-8a}$$

$$\varepsilon_{s2ui}(y_i) = \frac{1}{E_{s2ui}}\{\sigma_{s2ui}(y_i) - \mu_{s2ui}[\sigma_{s2ui}(z_i) + \sigma_{s2ui}(x_i)]\} \tag{4-8b}$$

$$\varepsilon_{s2ui}(z_i) = \frac{1}{E_{s2ui}}\{\sigma_{s2ui}(z_i) - \mu_{s2ui}[\sigma_{s2ui}(x_i) + \sigma_{s2ui}(y_i)]\} \tag{4-8c}$$

式中　　E_{s2ui}，μ_{s2ui}——分别为等沉面以上第 i 段复合桩周土体的变形模量和泊松比。

由式（4-8a）、式（4-8b）及 $\varepsilon_{s2ui}(x_i) = \varepsilon_{s2ui}(y_i) = 0$ 可得：

$$\sigma_{s2ui}(x_i) = \sigma_{s2ui}(y_i) = \frac{\mu_{s2ui}}{1-\mu_{s2ui}}\sigma_{s2ui}(z_i) \tag{4-8d}$$

将式（4-8d）代入式（4-8c）可得第 i 段复合桩周土体的竖向平均应变为：

$$\varepsilon_{s2ui}(z_i) = \frac{1}{E_{s2ui}}\left(1 - \frac{2\mu_{s2ui}^2}{1-\mu_{s2ui}}\right)\sigma_{s2ui}(z_i) \tag{4-9a}$$

第 i 段复合桩周土体的压缩变形量为：

$$s_{su}^i = \int_0^{l_{ui}}\varepsilon_{s2ui}(z_i)\mathrm{d}z_i = \int_0^{l_{ui}}\beta_{ui}\sigma_{s2ui}(z_i)\mathrm{d}z_i \tag{4-9b}$$

式中，$\beta_{ui} = \dfrac{1}{E_{s2ui}}\left(1 - \dfrac{2\mu_{s2ui}^2}{1-\mu_{s2ui}}\right)$。

将式（4-6）代入式（4-9b）得：

$$s_{su}^i = \frac{\beta_{ui}}{\alpha_{ui}}\sigma_{s2uti}(1 - e^{-\alpha_{ui}l_{ui}}) \tag{4-9c}$$

等沉面以上复合桩周土体总的压缩变形量为：

$$\int_0^{L_0} \varepsilon_{s2u}(z)\,\mathrm{d}z = \sum_{i=1}^{n_1} s_{su}^i \tag{4-10}$$

（2）复合桩体压缩变形量的求解。

在等沉面以上对应第 i 段复合桩周土体（$i = 1, \cdots, n_1$），$0 \leqslant z_i \leqslant l_{ui}$，有相应第 i 段复合桩体，在其中取出微段为研究对象，如图 4-3 所示。不考虑复合桩体自重，仅考虑附加应力，由微段的竖向静力平衡条件可得：

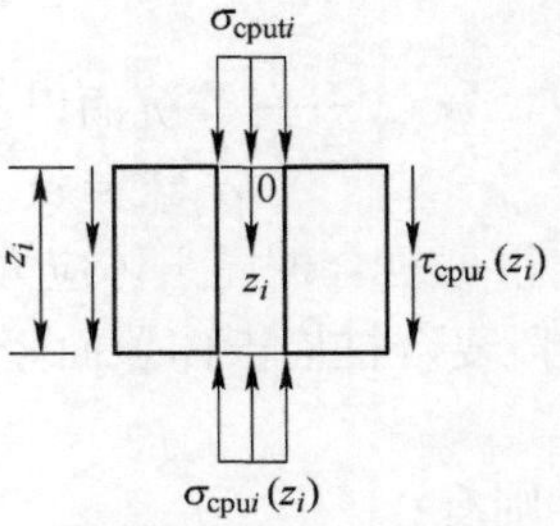

$$\sigma_{cpui}(z_i) = \sigma_{cputi} + \frac{4a_1}{A_p}\int_0^{z_i} \tau_{cpui}(z_i)\,\mathrm{d}z_i \tag{4-11}$$

图 4-3　复合桩体单元受力图

式中　σ_{cputi}——等沉面以上第 i 段复合桩体顶面位置处的轴向应力；

　　$\sigma_{cpui}(z_i)$——等沉面以上第 i 段复合桩体 z_i 平面位置处的轴向应力。

把 $\tau_{cpui}(z_i) = K_{0ui} \cdot \tan\varphi_{ui} \cdot \sigma_{s2uti}\mathrm{e}^{-\alpha_{ui}z_i}$ 代入式（4-11）并整理得：

$$\sigma_{cpui}(z_i) = \sigma_{cputi} + m_{s2p}\sigma_{s2uti}(1 - \mathrm{e}^{-\alpha_{ui}z_i}) \tag{4-12}$$

当 $i = 1$ 时，有 $\sigma_{cput1} = \sigma_{cpt}$；根据复合桩体轴向应力的连续条件，第 $i-1$ 段复合桩体底部轴向应力等于第 i 段复合桩体顶面轴向应力，两者实质上是一对作用力与反作用力，即：

$$\sigma_{cpui}(0) = \sigma_{cpu(i-1)}(l_{u(i-1)}) \tag{4-13a}$$

则有：

$$\sigma_{cputi} = \sigma_{cpu(i-1)}(l_{u(i-1)}) \tag{4-13b}$$

同理根据基本假设（3），不考虑复合桩体的径向变形，即 $\varepsilon_{cpui}(x_i) = \varepsilon_{cpui}(y_i) = 0$，同时根据广义胡克定律可得：

$$\sigma_{cpui}(x_i) = \sigma_{cpui}(y_i) = \frac{\mu_{pui}}{1 - \mu_{pui}}\sigma_{cpui}(z_i) \tag{4-14}$$

式中　μ_{pui}——等沉面上第 i 段复合桩体中桩体的泊松比。

第 i 段复合桩体的轴向平均应变为：

$$\varepsilon_{cpui}(z_i) = \frac{1}{E_{pui}}\left(1 - \frac{2\mu_{pui}^2}{1 - \mu_{pui}}\right)\sigma_{cpui}(z_i) \tag{4-15}$$

式中　E_{pui}——等沉面上第 i 段复合桩体中桩体的弹性模量。

第 i 段复合桩体的压缩变形量为：

$$s_{pu}^i = \int_0^{l_{ui}} \varepsilon_{cpui}(z_i)\,\mathrm{d}z_i = \int_0^{l_{ui}} \gamma_{ui}\sigma_{cpui}(z_i)\,\mathrm{d}z_i \tag{4-16}$$

式中，$\gamma_{ui} = \dfrac{1}{E_{pui}}\left(1 - \dfrac{2\mu_{pui}^2}{1 - \mu_{pui}}\right)$。

将式（4-12）代入式（4-16）得：

$$s_{pu}^i = \gamma_{ui}(\sigma_{cputi} + m_{s2p}\sigma_{s2uti})l_{ui} + m_{s2p}\frac{\gamma_{ui}}{\alpha_{ui}}\sigma_{s2uti}(e^{-\alpha_{ui}l_{ui}} - 1) \tag{4-17}$$

等沉面上复合桩体总的压缩变形量为：

$$\int_0^{L_0} \varepsilon_{pu}(z)\,\mathrm{d}z = \sum_{i=1}^{n_1} s_{pu}^i \tag{4-18}$$

（3）复合桩体上刺量的计算。

复合桩顶向上刺入碎石褥垫层中的变形量为：

$$\Delta_t = c_t(\sigma_{cpt} - \sigma_{s2t}) \tag{4-19}$$

把式（4-10）、式（4-18）、式（4-19）代入式（4-1b）可得：

$$\sum_{i=1}^{n_1} s_{su}^i = \sum_{i=1}^{n_1} s_{pu}^i + \Delta_t \tag{4-20}$$

4.2.4.3　等沉面以下变形协调方程的求解

根据复合桩周土体层状特性的假设，不妨设等沉面以下复合桩周土体层数为 n_2，与之相对应，可将等沉面以下复合桩中桩体分成 n_2 段，每段建立局部坐标 z_j，坐标原点位于每个微段的上方。

（1）复合桩周土体压缩变形量的求解。

在等沉面以下的第 j 段复合桩周土体厚度为 l_{dj}（$j=1, \cdots, n_2$），$0 \leqslant z_j \leqslant l_{dj}$，在其中取微段为研究对象，如图 4-4 所示。不考虑复合桩周土体自重，仅考虑附加应力，由微段的竖向静力平衡条件可得：

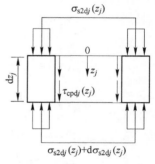

图 4-4　复合桩周土体单元受力图

$$\sigma_{s2dj}(z_j) \cdot A_{s2} - [\sigma_{s2dj}(z_j) + \mathrm{d}\sigma_{s2dj}(z_j)] \cdot A_{s2} + \tau_{cpdj}(z_j) \cdot 4a_1 \cdot \mathrm{d}z_j = 0 \tag{4-21}$$

即：

$$\frac{\mathrm{d}\sigma_{s2dj}(z_j)}{\mathrm{d}z_j} - \frac{4a_1}{A_{s2}}\tau_{cpdj}(z_j) = 0 \tag{4-22}$$

式中，$\tau_{cpdj}(z_j) = K_{0dj} \cdot \tan\varphi_{dj} \cdot \sigma_{s2dj}(z_j)$，为别伦摩擦力公式。其中，$K_{0dj}$ 为等沉面以下第 j 段复合桩体中桩帽边缘土与土之间的静止侧压力系数；φ_{dj} 为第 j 段复合桩体中桩帽边缘上土与土之间的摩擦角；$\sigma_{s2dj}(z_j)$ 为第 j 段复合桩周土体 z 平面位置的竖向有效应力。

$$\frac{\mathrm{d}\sigma_{s2dj}(z_j)}{\mathrm{d}z_j} - \alpha_{dj}\sigma_{s2dj}(z_j) = 0 \tag{4-23}$$

式中，$\alpha_{dj} = \dfrac{4a_1}{A_{s2}} K_{0dj} \cdot \tan\varphi_{dj}$。

求解式（4-23），并结合边界条件，当 $z_j = 0$ 时，$\sigma_{s2dj}(0) = \sigma_{s2dtj}$，得：

$$\sigma_{s2dj}(z_j) = \sigma_{s2dtj} e^{\alpha_{dj} z_j} \tag{4-24}$$

式中　　σ_{s2dtj}——第 j 段复合桩周土体顶面的竖向应力值，当 $j = 1$ 时，$\sigma_{s2dt1} = \sigma_{s2un_1}(l_{n_1})$。

根据复合桩周土体应力连续条件，第 $j-1$ 段复合桩周土体底部竖向应力等于第 j 段复合桩周土体顶面竖向应力，两者实质上是一对作用力与反作用力，即：

$$\sigma_{s2dj}(0) = \sigma_{s2d(j-1)}(l_{d(j-1)}) \tag{4-24a}$$

则有：

$$\sigma_{s2dtj} = \sigma_{s2d(j-1)}(l_{d(j-1)}) \tag{4-24b}$$

根据基本假设（3），不考虑复合桩周土体之间的径向变形，即：

$$\varepsilon_{s2dj}(x_j) = \varepsilon_{s2dj}(y_j) = 0 \tag{4-24c}$$

同时根据广义胡克定律有：

$$\varepsilon_{s2dj}(x_j) = \frac{1}{E_{s2dj}} \{ \sigma_{s2dj}(x_j) - \mu_{s2dj} [\sigma_{s2dj}(y_j) + \sigma_{s2dj}(z_j)] \} \tag{4-25a}$$

$$\varepsilon_{s2dj}(y_j) = \frac{1}{E_{s2dj}} \{ \sigma_{s2dj}(y_j) - \mu_{s2dj} [\sigma_{s2dj}(z_j) + \sigma_{s2dj}(x_j)] \} \tag{4-25b}$$

$$\varepsilon_{s2dj}(z_j) = \frac{1}{E_{s2dj}} \{ \sigma_{s2dj}(z_j) - \mu_{s2dj} [\sigma_{s2dj}(x_j) + \sigma_{s2dj}(y_j)] \} \tag{4-25c}$$

式中　　E_{s2dj}，μ_{s2dj}——分别为等沉面以下第 j 段复合桩周土体的变形模量和泊松比。

由式（4-25a），式（4-25b）及 $\varepsilon_{s2dj}(x_j) = \varepsilon_{s2dj}(y_j) = 0$ 可得：

$$\sigma_{s2dj}(x_j) = \sigma_{s2dj}(y_j) = \frac{\mu_{s2dj}}{1 - \mu_{s2dj}} \sigma_{s2dj}(z_j) \tag{4-25d}$$

将式（4-25d）代入式（4-25c）可得等沉面以下第 j 段复合桩周土体的竖向平均应变为：

$$\varepsilon_{s2dj}(z_j) = \frac{1}{E_{s2dj}} \left(1 - \frac{2\mu_{s2dj}^2}{1 - \mu_{s2dj}} \right) \sigma_{s2dj}(z_j) \tag{4-26a}$$

第 j 段复合桩周土体的压缩变形量为：

$$s_{sd}^{j} = \int_0^{l_{dj}} \varepsilon_{s2dj}(z_j) \, \mathrm{d}z_j = \int_0^{l_{dj}} \beta_{dj} \sigma_{s2dj}(z_j) \, \mathrm{d}z_j \tag{4-26b}$$

式中，$\beta_{dj} = \dfrac{1}{E_{s2dj}} \left(1 - \dfrac{2\mu_{s2dj}^2}{1 - \mu_{s2dj}} \right)$。

将式（4-24）代入式（4-26b）得：

$$s_{sd}^{j} = \frac{\beta_{dj}}{\alpha_{dj}}\sigma_{s2dtj}(e^{\alpha_{dj}l_{dj}} - 1) \tag{4-27}$$

等沉面以下复合桩周土体总的压缩变形量为：

$$\int_{L_0}^{L_p}\varepsilon_{s2d}(z)\,\mathrm{d}z = \sum_{j=1}^{n_2}s_{sd}^{j} \tag{4-28}$$

（2）复合桩体压缩变形量的求解。

在等沉面以下对应第 j 段复合桩周土体（$j=1,\cdots,n_2$），有相应第 j 段复合桩体，在其中取微段为研究对象，如图 4-5 所示。不考虑复合桩体自重，仅考虑附加应力，由微段的竖向静力平衡条件可得：

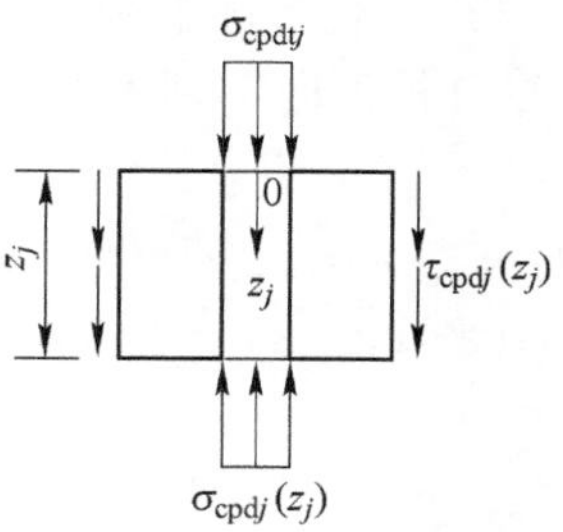

$$\sigma_{cpdj}(z_j) = \sigma_{cpdtj} - \frac{4a_1}{A_p}\int_0^{z_j}\tau_{cpdj}(z_j)\,\mathrm{d}z_j \tag{4-29}$$

式中　$\sigma_{cpdj}(z_j)$——等沉面以下第 j 段复合桩体 z_j 平面位置处的轴向应力；

σ_{cpdtj}——等沉面以下第 j 段复合桩体顶面位置处的轴向应力。

把 $\tau_{cpdj}(z_j) = K_{0dj}\cdot\tan\varphi_{dj}\cdot\sigma_{s2dtj}e^{\alpha_{dj}z_j}$ 代入式（4-29），并整理得：

$$\sigma_{cpdj}(z_j) = \sigma_{cpdtj} - m_{s2p}\sigma_{s2dtj}(e^{\alpha_{dj}z_j} - 1) \tag{4-30}$$

当 $j=1$ 时，有 $\sigma_{cpdt1} = \sigma_{cpun_1}(l_{n_1})$；同理，根据复合桩体轴向应力的连续条件，第 j-1 段复合桩体底部轴向应力等于第 j 段复合桩体顶面轴向应力，即：

$$\sigma_{cpdj}(0) = \sigma_{cpd(j-1)}(l_{d(j-1)}) \tag{4-31a}$$

则有：

$$\sigma_{cpdtj} = \sigma_{cpd(j-1)}(l_{d(j-1)}) \tag{4-31b}$$

同理根据基本假设（3），不考虑复合桩体的径向变形，即有 $\varepsilon_{cpdj}(x_j) = \varepsilon_{cpdj}(y_j) = 0$，同时根据广义胡克定律可得：

$$\sigma_{cpdj}(x_j) = \sigma_{cpdj}(y_j) = \frac{\mu_{pdj}}{1 - \mu_{pdj}}\sigma_{cpdj}(z_j) \tag{4-32}$$

式中　μ_{pdj}——等沉面以下第 j 段复合桩体中桩体的泊松比。

第 j 段复合桩体的轴向平均应变为：

$$\varepsilon_{cpdj}(z_j) = \frac{1}{E_{pdj}}\left(1 - \frac{2\mu_{pdj}^2}{1 - \mu_{pdj}}\right)\sigma_{cpdj}(z_j) \tag{4-33}$$

式中　E_{pdj}——等沉面以下第 j 段复合桩体中桩体的弹性模量。

第 j 段复合桩体的压缩变形量为：

$$s_{pd}^{j} = \int_0^{l_{dj}}\varepsilon_{cpdj}(z_j)\,\mathrm{d}z_j = \int_0^{l_{dj}}\gamma_{dj}\sigma_{cpdj}(z_j)\,\mathrm{d}z_j \tag{4-34}$$

式中，$\gamma_{dj} = \frac{1}{E_{pdi}}\left(1 - \frac{2\mu_{pdj}^2}{1 - \mu_{pdj}}\right)$。

图 4-5　复合桩体单元受力图

将式（4-30）代入式（4-34）得：

$$s_{pd}^{j} = \gamma_{dj}(\sigma_{cpdtj} + m_{s2p}\sigma_{s2dtj})l_{dj} - m_{s2p}\frac{\gamma_{dj}}{\alpha_{dj}}\sigma_{s2dtj}(e^{\alpha_{dj}l_{dj}} - 1) \tag{4-35}$$

等沉面上复合桩体总的压缩变形量为：

$$\int_{L_0}^{L_p}\varepsilon_{pd}(z)\,\mathrm{d}z = \sum_{j=1}^{n_2}s_{pd}^{j} \tag{4-36}$$

（3）复合桩体下刺量的计算。

复合桩顶向下刺入下下卧层中的变形量为：

$$\Delta_b = c_b(\sigma_{cpb} - \sigma_{s2b}) \tag{4-37}$$

式中：$\sigma_{s2b} = \sigma_{s2dtn_2}e^{\alpha_{dn_2}l_{dn_2}}$，$\sigma_{cpb} = \sigma_{cpdtn_2} - m_{s2p}\sigma_{s2dtn_2}(e^{\alpha_{dn_2}l_{dn_2}} - 1)(j = n_2)$

把式（4-28）、式（4-36）、式（4-37）代入式（4-2b）可得：

$$\sum_{j=1}^{n_2}s_{sd}^{j} = \sum_{j=1}^{n_2}s_{pd}^{j} + \Delta_b \tag{4-38}$$

4.2.4.4　褥垫层静力平衡方程

以带帽单桩复合地基的碎石褥垫层为研究对象，列竖向静力平衡方程：

$$\sigma \cdot A = \sigma_{cpt} \cdot A_{cp} + \sigma_{s2t} \cdot A_{s2} \tag{4-39a}$$

即：

$$\sigma = m_c\sigma_{cpt} + (1 - m_c)\sigma_{s2t} \tag{4-39b}$$

在某些参数已知的情况下，联立求解式（4-20）、式（4-38）和式（4-39）三式，并应用递推叠代法，可以确定等沉面位置 L_0、复合桩土应力比 n 以及作用于复合桩体顶面的竖向应力 σ_{cpt} 和复合桩周土体表面的竖向应力 σ_{s2t}，进一步采用分层总和法可计算出桩帽间土体的压缩变形量。

4.2.4.5　复合桩土应力比求解方法

（1）把 σ_{cpt} 和 σ_{s2t} 作为待定的已知参数。

（2）等沉面以上从 $i=1$ 的复合桩周土体开始计算，并令 $\sigma_{s2u1}(0) = \sigma_{s2t}$，利用式（4-6）求出 $\sigma_{s2u1}(l_{u1})$。

（3）$i=2$ 时，利用式（4-7）有 $\sigma_{s2u2}(0) = \sigma_{s2u1}(l_{u1})$，同样利用式（4-6）求出 $\sigma_{s2u2}(l_{u2})$。

（4）$i=3$ 时，利用式（4-7）有 $\sigma_{s2u3}(0) = \sigma_{s2u2}(l_{u2})$，同样利用式（4-6）求出 $\sigma_{s2u3}(l_{u3})$。

（5）重复上述步骤，直到 $i = n_1$ 为止，利用式（4-7）有 $\sigma_{s2un_1}(0) = \sigma_{s2u(n_1-1)}(l_{u(n_1-1)})$，同样利用式（4-6）求出 $\sigma_{s2un_1}(l_{un_1})$。

（6）等沉面以下从 $j = 1$ 的复合桩周土体开始计算，并令 $\sigma_{s2d1}(0) = \sigma_{s2un_1}(l_{un_1})$，利用式（4-24）求出 $\sigma_{s2d1}(l_{d1})$。

（7）$j=2$ 时，利用式（4-24）有 $\sigma_{s2d2}(0) = \sigma_{s2d1}(l_{d1})$，同样利用式（4-24）求出 $\sigma_{s2d2}(l_{d2})$。

（8）$j = 3$ 时，利用式（4-24）有 $\sigma_{s2d3}(0) = \sigma_{s2d2}(l_{d2})$，同样利用式（4-24）求出 $\sigma_{s2d3}(l_{d3})$。

（9）重复上述步骤，直到 $j = n_2$ 为止，利用式（4-24）有 $\sigma_{s2dn_2}(0) = \sigma_{s2d(n_2-1)}(l_{d(n_2-1)})$，同样利用式（4-6）求出 $\sigma_{s2dn_2}(l_{dn_2})$。至此，复合桩周土体各层竖向应力已求，均为 σ_{s2t} 的表达式。

（10）相应各段复合桩体的轴向应力按同样的迭代方法，并代入相应计算公式也可求出，均为 σ_{cpt} 和 σ_{s2t} 的表达式，其中也包含了等沉面位置 L_0，其他所需参数可根据地质条件和工程经验来确定。

（11）把所求各段的 $\sigma_{s2\xi}$ 和 $\sigma_{cp\xi}$（$\xi = i, j$）代入相应的变形量计算公式，即可求解出复合桩土应力比 n 和等沉面的位置 L_0。

4.2.4.6　说明几种特殊情况

（1）如果是均质地基，则上述求解可得到很大简化，并有：$n_1 = 1$，$n_2 = 1$，$l_{u1} = L_0$，$l_{d1} = L_p - L_0$。

（2）如果复合桩体是端承桩型，不发生下刺变形，仅考虑复合桩体上刺现象，上述求解也可得到适当简化，此时有：$n_2 = 0$，$L_0 = L_p$。

（3）如果复合桩体不发生上刺入变形，仅考虑复合体桩下刺入现象，上述求解过程也可得到适当简化，此时有：$n_1 = 0$，$L_0 = 0$。

在带帽双桩复合地基静载试验中，设计荷载作用下桩帽顶向上的刺入变形只有 5mm 左右，近似可忽略不计，该情形下可只考虑复合桩体的下刺现象。

4.2.5　影响因素分析及工程算例

考虑桩体中心间距、桩长、桩帽尺寸、垫层变形模量、下卧层土体变形模量、桩帽间土体变形模量、静止侧压系数（土体内摩擦角）、荷载水平等因素对复合桩土应力比、等沉面位置的影响。

4.2.5.1　计算条件与参数的确定

计算条件应满足所建立计算模型的要求。各计算的基本参数依据试验段的工程地质条件，并综合分析确定如下：桩长 29m，桩径 0.4m，桩帽尺寸 1.5m，桩体中心间距 3m，桩体的弹性模量 35GPa、泊松比 0.167，桩帽间土体的变形模量 15MPa，泊松比 0.3，静止侧压力系数 0.58，土体内摩擦角 25°，垫层变形模量 20MPa（相当于 $c_t = 0.00005\text{m/kPa}$），下卧层变形模量 20MPa（相当于 $c_b = 0.00005\text{m/kPa}$）。余下各章节涉及相关计算参数与此相同。分析某种因素对复合桩土应力比或等沉面位置的影响时，只考虑该因素的计算参数的改变，其他各种影响因素的计算参数均取基本参数值，不考虑各因素相互间对复合桩土应力比或等沉面位置的叠加影响。

4.2.5.2 各种因素的计算结果

桩体中心间距、桩长、桩帽尺寸、垫层变形模量、下卧层土体变形模量、桩帽间土体变形模量、静止侧压系数（土体内摩擦角）等因素对复合桩土应力比、等沉面位置的影响结果分别如图 4-6～图 4-19 所示。

4.2.5.3 结果分析

（1）桩体中心间距对复合桩土应力比的影响。如图 4-6 所示，复合桩土应力比随桩体中心间距增大而逐渐减小，说明荷载水平一定时，桩帽间土体所分担的荷载随桩体中心间距的增大而增大。桩帽间土体所分担的荷载越大，对应所产生的沉降量也就越大，一旦桩体中心间距超过某一值时，桩帽间土体所分担的荷载将超过其容许的极限承载力，从而导致桩帽间土体承载力不足，其沉降量过大，桩帽间土体下陷，引起复合桩体上刺，甚至发生复合地基破坏现象。从该角度考虑，带帽刚性疏桩复合地基的破坏实质上就是桩帽间土体的承载力超过其极限承载能力，沉降量过大。因此对于带帽刚性疏桩复合地基可以以达到桩帽间土体极限承载力或控制桩帽间土体的沉降量为目标，进行带帽刚性疏桩复合地基优化设计，具体优化设计方法见第六章有关内容。

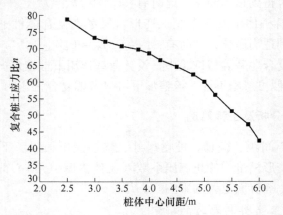

图 4-6   桩体中心间距与复合桩土应力比曲线

（2）桩体中心间距对等沉面位置的影响。如图 4-7 所示，等沉面的位置随桩体中心间距的增大而逐渐上移。等沉面的位置越往上移，对复合桩体而言，负摩擦区产生的范围越小，这对复合桩体来说越有利，因此在满足复合地基承载力和变形要求的前提下，应适当增大桩体中心间距。

（3）桩长对复合桩土应力比的影响。如图 4-8 所示，复合桩土应力比随桩长增加而逐渐增大。荷载水平一定时，桩体越长，复合桩体承担的荷载越大，桩帽间土体分担的荷载就越小，桩帽间土体发挥的作用也就越小。因此，从复合地基的特征考虑，应选择合理桩长，充分发挥桩帽间土体的承载作用。

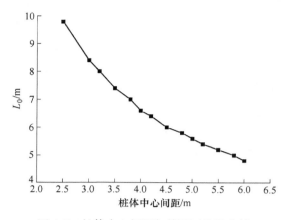

图 4-7 桩体中心间距与等沉面位置曲线

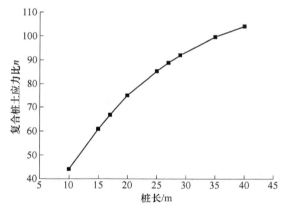

图 4-8 桩长与复合桩土应力比关系曲线

（4）桩长对等沉面位置的影响。如图 4-9 所示，荷载水平一定时，等沉面的位置随桩长的增大而逐渐往下移。

（5）桩帽尺寸对复合桩土应力比的影响。如图 4-10 所示，复合桩土应力随桩帽尺寸的增大而逐渐减小。

（6）桩帽尺寸对等沉面位置的影响。如图 4-11 所示，等沉面的位置基本上不随桩帽尺寸的变化而变化。

（7）垫层变形模量对复合桩土应力比的影响。如图 4-12 所示，复合桩土应力比随垫层变形模量的增大而逐渐增大。垫层变形模量越大，刚度也就越大，其性质越接近于刚性基础。由于复合桩体比桩帽间土体的变形模量大得多，作用于复合桩体的荷载也就越大，桩帽间土体分担的荷载随之减小，从而使得复合桩土应力比增大。

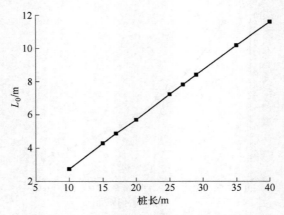

图 4-9   桩长与等沉面位置关系曲线

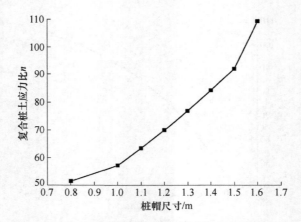

图 4-10   桩帽尺寸与复合桩土应力比曲线

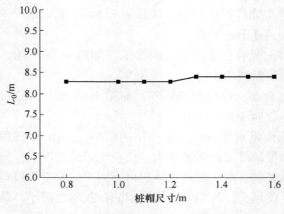

图 4-11   桩帽尺寸与等沉面位置曲线

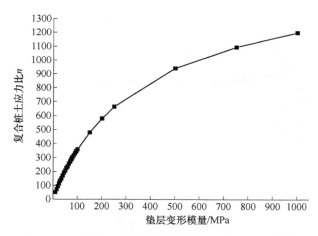

图 4-12　垫层变形模量与复合桩土应力比关系曲线

（8）垫层变形模量对等沉面位置的影响。如图 4-13 所示，等沉面的位置随垫层变形模量增大而逐渐往上移。垫层变形模量越大，其刚度越大，垫层性质越接近于刚性基础，复合桩体向上刺入变形越困难，因此等沉面的位置向上移。

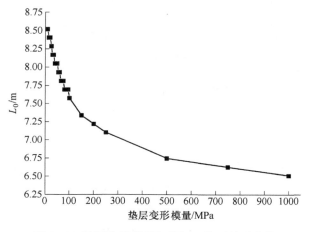

图 4-13　垫层变形模量与等沉面位置关系曲线

（9）下卧层土体变形模量对复合桩土应力比的影响。如图 4-14 所示，复合桩土应力比随下卧层土体变形模量增大而减小，但受其影响的效果不是很明显。

（10）下卧层土体变形模量对等沉面位置的影响。如图 4-15 所示，等沉面的位置随下卧层土体变形模量增大而逐渐下移。下卧层土体变形模量越大，复合桩体越接近于摩擦型端承桩，复合桩体的下刺入变形越困难，只能通过复合桩体的上刺入变形来调节复合桩体与桩帽间土体之间的变形协调，因此等沉面的位置往上移。

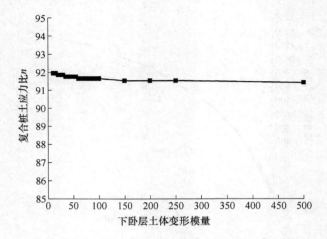

图 4-14　下卧层土体变形模量与复合桩土应力比曲线

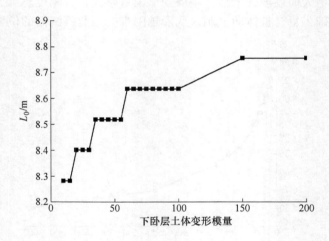

图 4-15　下卧层土体变形模量与等沉面位置曲线

（11）桩帽间土体变形模量对复合桩土应力比的影响。如图 4-16 所示，复合桩土应力比随桩帽间土体变形模量的增大而减小。桩帽间土体变形模量越大，其刚度也就越大，能分担到的荷载也就越多，因此复合桩土应力比也就越小。

（12）桩帽间土体变形模量对等沉面位置的影响。如图 4-17 所示，等沉面的位置基本上不受桩帽间土体变形模量的影响。

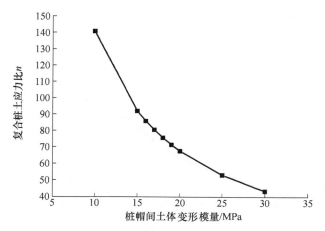

图 4-16　桩帽间土体变形模量与复合桩土应力比曲线

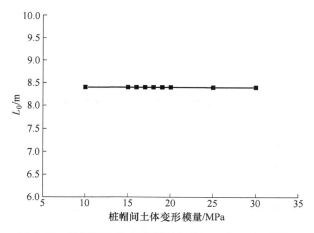

图 4-17　桩帽间土体变形模量与等沉面位置关系曲线

（13）静止侧压力系数对复合桩土应力比的影响。如图 4-18 所示，复合桩土应力比随静止侧压力系数增大而逐渐增大。静止侧压力系数增大，土体的内摩擦角减小，桩帽间土体的变形模量减小，分担的荷载减少，因此复合桩土应力比增大。

（14）静止侧压力系数对等沉面位置的影响。如 4-19 所示，等沉面的位置基本上不受静止侧压力系数的影响。

（15）荷载水平对复合桩土应力比的影响。复合桩土应力比受荷载水平的影响，限于线弹性的理论假设，在公式推导过程中荷载水平变量相互抵消，致使该公式理论上并不能反映出应该根据荷载水平的影响，因此应对理论假设进行修

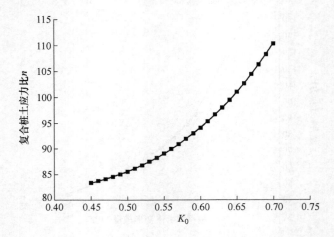

图 4-18　侧压力系数与复合桩土应力比关系曲线

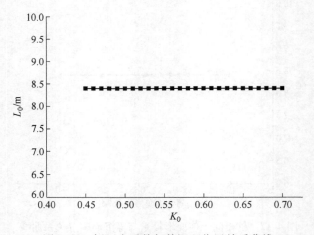

图 4-19　侧压力系数与等沉面位置关系曲线

改，使得假设能够反映出材料的非线性变化的特征，以便理论上能够得出复合桩土应力比与荷载水平有关的结论。同时等沉面位置与荷载水平的关系也应进一步研究。

（16）对工程桩各图中所得到的复合桩土应力比计算值为 91.9，与试验值（试验值为 135.3）相比，计算值为偏小。分析原因：一是基本假定中忽略了桩帽下土体的承载作用；二是参数选取不太合适，使得计算结果偏小，但本方法是可行的，值得进一步研究。

（17）各种因素对复合桩土应力比和等沉面位置的综合影响本文未能考虑，实际上工程中复合桩土应力比和等沉面位置是受各种因素的综合影响，应该进一步研究各种影响因素的综合反映。

4.3 带帽单桩桩体与桩帽下土体相互作用分析

假定荷载传递函数形式，基于弹性力学理论对带帽单桩的桩土相互作用进行线性分析，利用微分方程的近似解法，推导出荷载沉降、竖向应力、侧摩阻力等控制微分方程，并得到了相应的解析表达式。

4.3.1 基本假设

为使问题的复杂性得以适当简化，作如下假定：

（1）假定桩帽绝对刚性，即桩帽下桩体顶面与桩间土体顶面竖向位移相等，忽略桩帽边缘外土体的竖向位移（变形），并设桩及桩帽下土体为线弹性体，轴向变形均匀，即可用一点的竖向位移来代替一个平面的竖向位移。

（2）桩体刚度大，可忽略桩体、桩帽下土体的径向位移。

（3）加固区内桩体与桩帽下土体刚度相差太大，桩体与土体的压缩量不等，在下卧层面上桩尖的刺入量与桩帽下土体的刺入量是不相等的，即桩体与桩帽下土体之间有相对位移。

（4）桩体与桩帽下土体的界面力学性能采用"压力＝刚度系数×变形（或相对位移）"的公式表示。

（5）在设计荷载作用下，桩体与桩帽下土体之间的摩擦阻力、桩帽边缘各竖直面（如图4-20（a）中的虚线所示）上的摩擦阻力分别采用下式所示的线性模型：

$$\tau_p(z) = k_p[w_p(z) - w_s(z)] \tag{4-40}$$
$$\tau_s(z) = k_s w_s(z) \tag{4-41}$$

（6）桩端平面处桩端压力强度、桩帽下土体底部土抗力强度分别采用Winkle地基模型：

$$\sigma_{pb} = k_b s_{pb}; \quad \sigma_{sb} = k_b s_{sb} \tag{4-42}$$

式中　　k_p，k_s——分别为桩体与桩帽下土体之间、桩帽边缘各竖直面土与土之间的抗剪刚度，kN/m^3；

　　　　　k_b——桩端土体抗压刚度，kN/m^3；

$w_p(z)$，$w_s(z)$——分别为等效单元体中桩体横截面和土体横截面的竖向位移，m；

　　　　　s_{pb}，s_{sb}——桩端平面处的桩端位移和桩帽下土体底位移，m。

4.3.2 计算模型的建立

为研究桩体与桩帽下土体的相互作用，依据第2章试验研究的结果，并根据

第 3 章分析的沉降计算模型，取复合桩体为如图 4-20（a）所示虚线区域作为研究对象。图中：L_p 为桩长；D_p 为桩体直径；桩帽尺寸为 $a×a×d$，桩体横截面面积 $A_p = \pi D_p^2/4$，周长 $U_p = \pi D_p$，桩帽下土体横截面面积 $A_s = a^2 - \pi D_p^2/4$。为便于分析，建立如图 4-22（a）所示的坐标系。

4.3.3　方程建立与求解

4.3.3.1　桩体力学平衡方程

为研究桩体的荷载传递规律，从桩体上取微段 dz 为研究分析对象，受力如图 4-21（a）所示（桩体单元实际上是一个环形单元，画图时为了方便只画了一个径向剖面），由微段的轴向拉压胡克定律及竖向静力平衡条件，同时利用基本假设式（4-40），可得桩体的控制微分方程为：

$$\sigma_p(z) = -E_p \cdot \frac{dw_p(z)}{dz}$$

$$\sigma_p(z) \cdot A_p - [\sigma_p(z) \cdot A_p + d\sigma_p(z) \cdot A_p] - \tau_p(z) \cdot U_p \cdot dz = 0$$

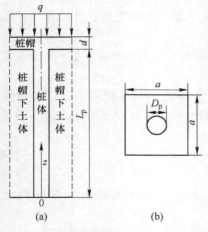

图 4-20　带帽单桩计算模型

（a）计算模型简图；（b）平面示意图；

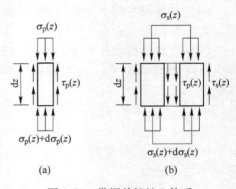

图 4-21　带帽单桩桩土体系

（a）桩单元受力图；（b）桩帽下土单元受力图；

整理得：

$$\sigma_p(z) = -E_p \frac{dw_p(z)}{dz} \tag{4-43}$$

$$\frac{d^2 w_p(z)}{dz^2} = \frac{U_p k_p}{E_p A_p} [w_p(z) - w_s(z)] \tag{4-44}$$

式中　$\sigma_p(z)$ ——桩体截面上的轴向正应力；

　　E_{p}——桩体的弹性模量；

　　$w_{\mathrm{p}}(z)$——桩体截面的轴向位移；

　　$w_{\mathrm{s}}(z)$——桩帽下土体的竖向位移。

4.3.3.2　桩帽下土体力学平衡方程

　　为研究桩帽下土体的荷载传递规律，从桩帽下土体中取微段 dz 为研究分析对象，受力如图 4-21（b）所示（土体单元实际上是一个绕桩体轴线对称的内空六面体单元，画图时为了方便只画了一个径向剖面），由微段的轴向拉压胡克定律及竖向静力平衡条件，同时利用基本假设式（4-41），可得桩帽下土体的控制微分方程为：

$$\sigma_{\mathrm{s}}(z) = -E_{\mathrm{s}} \cdot \frac{\mathrm{d}w_{\mathrm{s}}(z)}{\mathrm{d}z}$$

$$\sigma_{\mathrm{s}}(z) \cdot A_{\mathrm{s}} - \left[\sigma_{\mathrm{s}}(z) \cdot A_{\mathrm{s}} + \mathrm{d}\sigma_{\mathrm{s}}(z) \cdot A_{\mathrm{s}}\right] - \tau_{\mathrm{s}}(z) \cdot 4a \cdot \mathrm{d}z + \tau_{\mathrm{p}}(z) \cdot U_{\mathrm{p}} \cdot \mathrm{d}z = 0$$

　　整理得：

$$\sigma_{\mathrm{s}}(z) = -E_{\mathrm{s}} \frac{\mathrm{d}w_{\mathrm{s}}(z)}{\mathrm{d}z} \tag{4-45}$$

$$\frac{\mathrm{d}^2 w_{\mathrm{s}}(z)}{\mathrm{d}z^2} = \frac{4ak_{\mathrm{s}} + U_{\mathrm{p}}k_{\mathrm{p}}}{E_{\mathrm{s}}A_{\mathrm{s}}} w_{\mathrm{s}}(z) - \frac{U_{\mathrm{p}}k_{\mathrm{p}}}{E_{\mathrm{s}}A_{\mathrm{s}}} w_{\mathrm{p}}(z) \tag{4-46}$$

式中　$\sigma_{\mathrm{s}}(z)$——桩帽下土体水平截面上的竖向应力；

　　　　E_{s}——桩帽下土体的变形模量（取各土层变形模量的加权平均值）。

4.3.3.3　方程求解

　　联立式（4-44）、式（4-46）两式可得：

$$\frac{\mathrm{d}^4 w_{\mathrm{p}}(z)}{\mathrm{d}z^4} - \lambda_{\mathrm{a}} \frac{\mathrm{d}^2 w_{\mathrm{p}}(z)}{\mathrm{d}z^2} + \lambda_{\mathrm{b}} w_{\mathrm{p}}(z) = 0 \tag{4-47}$$

$$\frac{\mathrm{d}^2 w_{\mathrm{s}}(z)}{\mathrm{d}z^2} - \lambda_{\mathrm{s}}^2 w_{\mathrm{s}}(z) = -\lambda_{\mathrm{o}}^2 w_{\mathrm{p}}(z) \tag{4-48}$$

式中，$\lambda_{\mathrm{a}} = \lambda_{\mathrm{p}}^2 + \lambda_{\mathrm{s}}^2$；$\lambda_{\mathrm{b}} = \lambda_{\mathrm{p}}^2(\lambda_{\mathrm{s}}^2 - \lambda_{\mathrm{o}}^2)$；$\lambda_{\mathrm{p}}^2 = U_{\mathrm{p}}k_{\mathrm{p}}/E_{\mathrm{p}}A_{\mathrm{p}}$；$\lambda_{\mathrm{s}}^2 = (4ak_{\mathrm{s}} + U_{\mathrm{p}}k_{\mathrm{p}})/E_{\mathrm{s}}A_{\mathrm{s}}$；$\lambda_{\mathrm{o}}^2 = U_{\mathrm{p}}k_{\mathrm{p}}/E_{\mathrm{s}}A_{\mathrm{s}}$。

　　特征方程：$\lambda^4 - \lambda_{\mathrm{a}}\lambda^2 + \lambda_{\mathrm{b}} = 0$。

　　求解式（4-47）可得：

$$w_{\mathrm{p}}(z) = c_1 \mathrm{e}^{\lambda_1 z} + c_2 \mathrm{e}^{-\lambda_1 z} + c_3 \mathrm{e}^{\lambda_2 z} + c_4 \mathrm{e}^{-\lambda_2 z} \tag{4-49}$$

式中：$\lambda_1 = \sqrt{(\lambda_{\mathrm{a}} + \sqrt{\lambda_{\mathrm{a}}^2 - 4\lambda_{\mathrm{b}}})/2}$；$\lambda_2 = \sqrt{(\lambda_{\mathrm{a}} - \sqrt{\lambda_{\mathrm{a}}^2 - 4\lambda_{\mathrm{b}}})/2}$。

　　将式（4-49）代入式（4-48），由微分方程理论可得式（4-48）的通解为：

$$w_s(z) = c_5 e^{\lambda_s z} + c_6 e^{-\lambda_s z} + A_1 c_1 e^{\lambda_1 z} + A_1 c_2 e^{-\lambda_1 z} + A_2 c_3 e^{\lambda_2 z} + A_2 c_4 e^{-\lambda_2 z} \quad (4\text{-}50)$$

式中，$A_i = -\lambda_o^2 / (\lambda_i^2 - \lambda_s^2)$ （$i = 1$，2）。

将式（4-49）、式（4-50）两式代入式（4-43）和式（4-45）两式，可得桩体横截面及桩帽下土体的竖向平均应力 $\sigma_p(z)$、$\sigma_s(z)$：

$$\sigma_p(z) = -E_p [c_1 \lambda_1 e^{\lambda_1 z} - c_2 \lambda_1 e^{-\lambda_1 z} + c_3 \lambda_2 e^{\lambda_2 z} - c_4 \lambda_2 e^{-\lambda_2 z}] \quad (4\text{-}51)$$

$$\sigma_s(z) = -E_s [c_5 \lambda_s e^{\lambda_s z} - c_6 \lambda_s e^{-\lambda_s z} + A_1 c_1 \lambda_1 e^{\lambda_1 z} - A_1 c_2 \lambda_1 e^{-\lambda_1 z} +$$
$$A_2 c_3 \lambda_2 e^{\lambda_2 z} - A_2 c_4 \lambda_2 e^{-\lambda_2 z}] \quad (4\text{-}52)$$

由微分方程理论可知：式（4-49）、式（4-50）两式必须使式（4-44）恒成立。将式（4-49）、式（4-50）两式代入式（4-44）可看出：式（4-49）、式（4-50）两式无法精确满足式（4-44），因此利用微分方程的近似解法——加权子域法，也就是使式（4-49）、式（4-50）两式满足如下两个积分方程来近似满足式（4-44），达到求解目的。

$$\int_0^{\frac{L_p}{2}} \left\{ \frac{d^2 w_p(z)}{dz^2} - \frac{U_p k_p}{E_p A_p} [w_p(z) - w_s(z)] \right\} dz = 0 \quad (4\text{-}53)$$

$$\int_{\frac{L_p}{2}}^{L_p} \left\{ \frac{d^2 w_p(z)}{dz^2} - \frac{U_p k_p}{E_p A_p} [w_p(z) - w_s(z)] \right\} dz = 0 \quad (4\text{-}54)$$

将式（4-49）、式（4-50）两式代入式（4-53）、式（4-54）两式，可得待定系数的关系为：

$$c_5 = \beta_1 c_1 + \gamma_1 c_2 + \beta_2 c_3 + \gamma_2 c_4 \quad (4\text{-}55)$$

$$c_6 = \eta_1 c_1 + \xi_1 c_2 + \eta_2 c_3 + \xi_2 c_4 \quad (4\text{-}56)$$

式中，$\beta_i = \alpha_i \varphi_i / h_1$；$\gamma_i = -\alpha_i \theta_i / h_1$；$\eta_i = \alpha_i \chi_i / h_2$；$\xi_i = -\alpha_i \psi_i / h_2$；

$$\alpha_i = \frac{\lambda_s}{\lambda_i} \left(1 - A_i - \frac{\lambda_i^2}{\lambda_p^2} \right) ; \quad \varphi_i = -e^{(\lambda_i - \lambda_s)\frac{L_p}{2}} + e^{\lambda_i L_p} + e^{-\lambda_s \frac{L_p}{2}} - e^{\lambda_i \frac{L_p}{2}} ;$$

$$\theta_i = -e^{-(\lambda_i + \lambda_s)\frac{L_p}{2}} + e^{-\lambda_i L_p} + e^{-\lambda_s \frac{L_p}{2}} - e^{-\lambda_i \frac{L_p}{2}} ;$$

$$\chi_i = e^{(\lambda_i + \lambda_s)\frac{L_p}{2}} - e^{\lambda_i L_p} - e^{\lambda_s \frac{L_p}{2}} + e^{\lambda_i \frac{L_p}{2}} ; \quad \psi_i = e^{-(\lambda_i - \lambda_s)\frac{L_p}{2}} - e^{-\lambda_i L_p} - e^{\lambda_s \frac{L_p}{2}} + e^{-\lambda_i \frac{L_p}{2}} ;$$

$$h_1 = e^{\lambda_s L_p} - e^{\lambda_s \frac{L_p}{2}} + e^{-\lambda_s \frac{L_p}{2}} - 1 ; \quad h_2 = e^{-\lambda_s L_p} - e^{-\lambda_s \frac{L_p}{2}} + e^{\lambda_s \frac{L_p}{2}} - 1 ; \quad (i = 1, 2)。$$

将式（4-55）、式（4-56）两式代入式（4-51）和式（4-52）两式，可得桩体横截面及桩帽下土体的竖向平均应力 $\sigma_p(z)$、$\sigma_s(z)$ 的表达式：

$$\sigma_p(z) = -E_p \cdot [\lambda_1 e^{\lambda_1 z} c_1 - \lambda_1 e^{-\lambda_1 z} c_2 + \lambda_2 e^{\lambda_2 z} c_3 - \lambda_2 e^{-\lambda_2 z} c_4] \quad (4\text{-}57)$$

$$\sigma_s(z) = -E_s \cdot [(\lambda_s \beta_1 e^{\lambda_s z} - \lambda_s \eta_1 e^{-\lambda_s z} + A_1 \lambda_1 e^{\lambda_1 z}) c_1 +$$
$$(\lambda_s \gamma_1 e^{\lambda_s z} - \lambda_s \xi_1 e^{-\lambda_s z} - A_1 \lambda_1 e^{-\lambda_1 z}) c_2 +$$

$$(\lambda_s \beta_2 e^{\lambda_s z} - \lambda_s \eta_2 e^{-\lambda_s z} + A_2 \lambda_2 e^{\lambda_2 z}) c_3 +$$
$$(\lambda_s \gamma_2 e^{\lambda_s z} - \lambda_s \xi_2 e^{-\lambda_s z} - A_2 \lambda_2 e^{-\lambda_2 z}) c_4] \qquad (4\text{-}58)$$

将式（4-49）、式（4-50）、式（4-57）和式（4-58）四式统一用矩阵表示，则有：

$$X(z) = A(z)C \qquad (4\text{-}59)$$

式中　$X(z)$——桩体与桩帽下土体任意截面的状态向量；

　　　　$A(z)$——过渡矩阵；

　　　　C——待定常数矩阵。

$$X(z) = \begin{bmatrix} w_p(z) & \sigma_p(z) & w_s(z) & \sigma_s(z) \end{bmatrix}^T ; \quad C = \begin{bmatrix} c_1 & c_2 & c_3 & c_4 \end{bmatrix}^T ;$$

$$A(z) = \begin{bmatrix} E_1(z) & e_1(z) & E_2(z) & e_2(z) \\ F_1(z) & f_1(z) & F_2(z) & f_2(z) \\ G_1(z) & g_1(z) & G_2(z) & g_2(z) \\ H_1(z) & h_1(z) & H_2(z) & h_2(z) \end{bmatrix} \qquad (4\text{-}60)$$

式中，$E_i(z) = e^{\lambda_i z}$；$e_i(z) = e^{-\lambda_i z}$；$F_i(z) = -E_p \lambda_i e^{\lambda_i z}$；$f_i(z) = E_p \lambda_i e^{-\lambda_i z}$；

$G_i(z) = \beta_i e^{\lambda_s z} + \eta_i e^{-\lambda_s z} + A_i e^{\lambda_i z}$；$g_i(z) = \gamma_i e^{\lambda_s z} + \xi_i e^{-\lambda_s z} + A_i e^{-\lambda_i z}$；

$H_i(z) = -E_s(\beta_i \lambda_s e^{\lambda_s z} - \eta_i \lambda_s e^{-\lambda_s z} + A_i \lambda_i e^{\lambda_i z})$；

$h_i(z) = -E_s(\gamma_i \lambda_s e^{\lambda_s z} - \xi_i \lambda_s e^{-\lambda_s z} - A_i \lambda_i e^{-\lambda_i z})$ $(i = 1, 2)$。

因此，所研究的问题转化为求待定常数矩阵 C，本问题的边界条件是：

当 $z = 0$ 时，即在桩端水平面位置有：

$$w_p(0) = s_{pb}, \; w_s(0) = s_{sb}, \; \sigma_p(0) = -\sigma_{pb}, \; \sigma_s(0) = -\sigma_{sb} \qquad (4\text{-}61)$$

式中　s_{pb}，σ_{pb}——分别表示桩端平面处桩体底部位移和桩端压力强度，$\sigma_{pb} = k_b s_{pb}$；

　　　　s_{sb}，σ_{sb}——分别表示桩端平面处土体底部位移和桩端土体抗力强度，$\sigma_{sb} = k_b s_{sb}$。

将式（4-61）代入式（4-59）式可得待定系数矩阵为：

$$C = A^{-1}(0) X(0) \qquad (4\text{-}62)$$

式中　$A^{-1}(0)$——$z = 0$ 时矩阵 $A(z)$ 的逆矩阵；

　　　　$X(0)$——桩底及桩帽下土体底部的横截面状态向量，即 $X(0) = \begin{bmatrix} s_{pb} & \sigma_{pb} & s_{sb} & \sigma_{sb} \end{bmatrix}^T$。

将式（4-62）代入式（4-59），可得桩体与桩帽下土体任意水平截面状态向量与桩底与桩帽下土体顶部水平截面状态向量的关系为：

$$X(z) = D(z) X(0) \qquad (4\text{-}63)$$

式中　$D(z)$——传递矩阵，$D(z) = A(z)A^{-1}(0)$。

将 $z = L_p$ 代入式（4-63），可得桩顶与桩帽下土体顶部水平截面状态向量与桩底与桩帽下土体底部水平截面状态向量的关系为：

$$X(L_p) = D(L_p)X(0) \tag{4-64}$$

式中　$X(L_p)$——桩顶及桩帽下土体顶部水平截面状态向量：

$$X(L_p) = \begin{bmatrix} s_{pt} & \sigma_{pt} & s_{st} & \sigma_{st} \end{bmatrix}^T$$

式中　s_{pt}，s_{st}——分别为桩顶及桩帽下土体顶部的沉降（该处取 $s_{pt} = s_{st}$）；

　　　σ_{pt}，σ_{st}——分别为桩顶及桩帽下土体顶部的平均应力。

由式（4-64）可以得到桩帽顶水平截面状态向量与桩端水平截面状态向量之间的关系，因此在已知桩帽顶荷载沉降关系的条件下，可以通过式（4-63）求出桩帽顶在任意荷载水平作用下桩身任意水平截面的轴向位移 $w_p(z)$ 和桩帽下土体在任意截面上的竖向位移 $w_s(z)$；可以求出桩身任意水平截面轴向应力 $\sigma_p(z)$ 或轴力 $P_p(z)$、桩帽下土体任意水平截面的竖向应力 $\sigma_s(z)$；利用式（4-40）和式（4-41）可以求出任意水平截面桩侧摩阻力 $\tau_p(z)$ 和桩帽边缘下土体之间的摩阻力 $\tau_s(z)$；并可以绘制出侧摩阻力 $\tau_p(z)$、$\tau_s(z)$ 沿深度变化规律曲线；利用式（4-64）可以绘制出任意荷载水平作用下，桩顶及桩帽下土体顶部荷载沉降曲线。

4.3.3.4　本方法的计算步骤

（1）首先根据桩顶沉降与桩帽下土体沉降的数值（此处有桩顶沉降与桩帽下土体顶部沉降相等），利用式（4-64），即可通过式（4-65），并令式中 $s_{pt} = s_{st}$，确定桩底位移 s_{pb} 和桩帽下土体底部位移 s_{sb} 的关系式，并有 $\sigma_{pb} = k_b s_{pb}$，$\sigma_{sb} = k_b s_{sb}$。

$$
\begin{bmatrix} s_{pt} \\ \sigma_{pt} \\ s_{st} \\ \sigma_{st} \end{bmatrix} =
\begin{bmatrix}
E_1(L_p) & e_1(L_p) & E_2(L_p) & e_2(L_p) \\
F_1(L_p) & f_1(L_p) & F_2(L_p) & f_2(L_p) \\
M_1(L_p) & m_1(L_p) & M_2(L_p) & m_2(L_p) \\
N_1(L_p) & n_1(L_p) & N_2(L_p) & n_2(L_p)
\end{bmatrix} \cdot
$$

$$
\begin{bmatrix}
1 & 1 & 1 & 1 \\
F_1(0) & f_1(0) & F_2(0) & f_2(0) \\
M_1(0) & m_1(0) & M_2(0) & m_2(0) \\
N_1(0) & n_1(0) & N_2(0) & n_2(0)
\end{bmatrix}^{-1} \cdot
\begin{bmatrix} s_{pb} \\ \sigma_{pb} \\ s_{sb} \\ \sigma_{sb} \end{bmatrix} \tag{4-65}
$$

（2）根据不同的桩顶位移 s_{pt1}、s_{pt2}、…和桩帽下土体位移 s_{st1}、s_{st2}、…，利用 s_{pb} 和 s_{sb} 的关系式确定出相应的桩底与桩帽下土体底位移 s_{pb1}、s_{pb2}、…和 s_{sb1}、s_{sb2}、…，以此作为已知位移条件。

（3）利用式（4-63）和式（4-64）两式，可确定任意桩顶沉降所对应的桩身轴向应力和桩底位移、桩帽下土体的竖向应力及其底部位移、桩身与桩帽下土体之间的沉降量差值，并可绘制出桩身、桩帽下土体沉降及其沉降差量与深度之间的关系曲线。

（4）利用式（4-40）、式（4-41）可以求出任意水平截面桩侧摩阻力 $\tau_p(z)$ 和桩帽边缘下土体之间的摩阻力 $\tau_s(z)$，并可以绘制出桩侧摩阻力 $\tau_p(z)$、桩帽边缘下土体之间的摩阻力 $\tau_s(z)$ 沿深度变化规律曲线。

（5）绘制桩土应力比与荷载水平关系曲线。

4.3.4 工程算例及其力学性状分析

4.3.4.1 工程背景与计算条件

以试验 4 号桩为例，工程地质条件详见第 2 章，荷载水平、土体变形模量、桩径、桩帽尺寸、桩长及已知桩顶沉降等已知的计算参数，与第 2 章设计和试验结果、4.2.5 节中参数取为一致，其他计算参数取为 $k_p = 2300 \text{kN/m}^3$，$k_s = 1000 \text{kN/m}^3$，$k_b = 2000 \text{kN/m}^3$，以便比较。

4.3.4.2 带帽单桩力学性状计算结果

带帽单桩的桩体沉降、桩帽下土体沉降及其沉降差与深度关系曲线，如图 4-22 ~ 图 4-24 所示，桩体轴向应力、桩帽下土体竖向应力与深度关系曲线如图 4-25 ~ 图 4-26 所示，桩身侧摩阻力、桩帽边缘侧摩阻力与深度关系曲线如图 4-27 ~ 图 4-28 所示，桩土应力比与荷载水平关系曲线如图 4-29 所示。

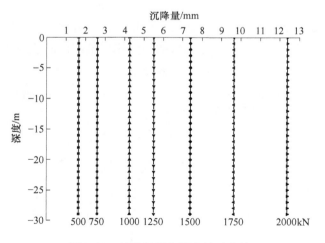

图 4-22　桩体沉降与深度关系曲线

4.3.4.3 带帽单桩力学性状结果分析

（1）桩体沉降。由图 4-22 可以看出，桩体沉降随荷载水平增大而增大。不同荷载水平作用下，桩体沉降与深度关系曲线近似于直线，这主要是由于桩体刚度极大所致，桩体沉降基本上表现出是等量下沉的，桩体本身的压缩量极小，可忽略不计。

（2）桩帽下土体沉降。如图 4-23 所示，土体沉降随荷载水平增大而增大。同一荷载水平作用下，桩帽下土体沉降随深度增加而逐渐减小，并且荷载水平越大，土体沉降曲线收敛速度越快。从图 4-23 还可以看出，桩帽下土体沉降主要发生在桩身 15m 范围内，与试验结果相近。

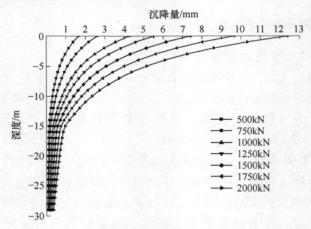

图 4-23　桩帽下土体沉降与深度关系曲线

（3）桩体与桩帽下土体之间的沉降差。如图 4-24 所示，二者之间的沉降差随荷载水平的增大而增大。同一荷载水平作用下，二者之间的沉降差随深度增加而逐渐增大，浅层内曲线斜率变化比较明显，深层范围内曲线斜率基本上不变，

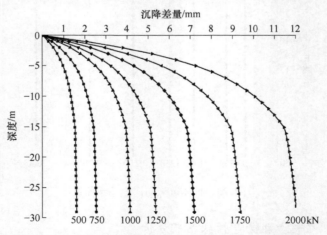

图 4-24　桩体、桩帽下土体的沉降差与深度关系曲线

说明二者之间的沉降差随深度逐渐增大并趋近于常数，桩端与其桩侧土体相对位移基本上不变。

（4）桩体轴向应力。如图 4-25 所示，桩体轴向应力随荷载水平增大而增大。同一荷载水平作用下，桩体轴向应力（或桩体轴力）随深度增加而逐渐减小，桩顶轴向应力比较大，桩端轴向应力很小，摩擦型桩主要是靠桩侧摩阻力发挥作用，桩端承载一般较小，这与试验得到的结果相似。

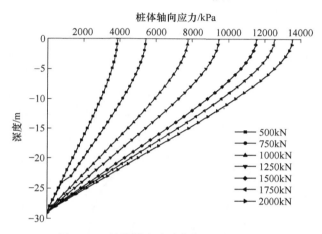

图 4-25 桩体轴向应力与深度关系曲线

（5）土体中竖向应力。如图 4-26 所示，土体中竖向应力随荷载水平增大而增大。同一荷载水平作用下，桩帽下土体中竖向应力随深度增加而逐渐减小，在顶面位置应力水平较大，在桩端平面处几乎为 0，说明桩帽下土体受压是有一定

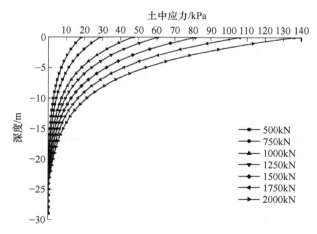

图 4-26 桩帽下土体竖向应力与深度关系曲线

的影响深度范围，这与图 4-23 桩帽下土体沉降的规律相似。

（6）桩身侧摩阻力。如图 4-27 所示，桩身侧摩阻力随荷载水平增大而增大。同一荷载水平作用下，桩身侧摩阻力随深度逐渐增大并趋近于常数，说明摩擦型刚性桩的桩身侧摩阻力可全桩长发挥，曲线斜率由小变大，在浅层内桩身侧摩阻力表现比较明显。

（7）桩帽边缘侧摩阻力。如图 4-28 所示，桩帽边缘侧摩阻力随荷载水平增大而增大。同一荷载水平作用下，桩帽边缘土体之间的侧摩阻力基本上是随深度增加而逐渐减小，考虑到浅层（深度取 4m，约 1.3 倍桩帽尺寸）范围内，土体之间的相对位移较小，侧摩阻力应该也较小，作近似处理，不影响分析结果，而且更符合侧摩阻力的一般规律。

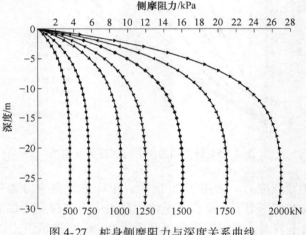

图 4-27　桩身侧摩阻力与深度关系曲线

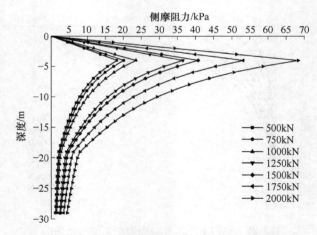

图 4-28　桩帽边缘侧摩阻力与深度关系曲线

（8）桩土应力比。如图 4-29 所示，不同荷载水平作用下，桩土应力比随荷载水平增大而减小，但计算结果与试验结果相差较大，分析原因可能是计算参数的选取不太合适所致，但计算结果的规律与由试验所得到的规律相似，基本上也可以反映。

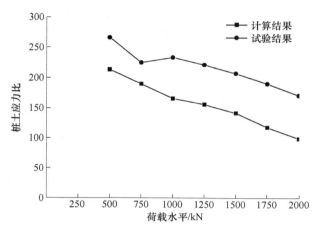

图 4-29 桩土应力比与荷载水平关系曲线

4.4 带帽单桩复合地基桩土相互作用分析

假定荷载传递函数形式，基于弹性力学理论对带帽单桩复合地基的桩土相互作用进行线性分析，利用微分方程的近似解法，推导出荷载沉降、竖向应力、侧摩阻力等控制微分方程，并得到了相应的解析表达式。

4.4.1 基本假设

为使问题的复杂性得以适当简化，作如下假定：

（1）桩体与桩帽下土体刚度相差太大，桩体刚度大，桩体的径向位移极小，可忽略桩体、桩帽下土体、桩帽间土体的径向位移，并设带帽桩体、桩帽下土体及桩帽间土体均为线弹性体，各体轴向变形均匀。

（2）假设桩帽下桩顶、桩帽下土体顶面与桩帽间土体顶面竖向位移相等。

（3）加固区内桩体与土体的压缩量不等，在下卧层面上桩尖的刺入量与桩帽下土体的刺入量是不相等的，即桩体与桩帽下土体之间有相对位移。

（4）桩体与桩帽下土体的界面力学性能采用"压力 = 刚度系数×变形（或相对位移）"的公式表示。

（5）设计荷载作用下，桩体与桩帽下土体之间的侧摩擦阻力、桩帽边缘各竖直面（如图 4-30（a）中的虚线所示）上的摩擦阻力分别采用下式所示的线性模型：

$$\tau_p(z) = k_p[w_p(z) - w_{s1}(z)] \tag{4-66}$$

$$\tau_{s1}(z) = k_{s1}[w_{s1}(z) - w_{s2}(z)] \tag{4-67}$$

（6）工程实践及沉降计算模型中外边界为双桩复合地基的对称截面，两桩帽间土体在对称截面上没有相对位移，故两者之间的摩擦阻力为 0，即：

$$\tau_{s_2}(z) = 0 \tag{4-68}$$

（7）桩端平面处桩端压力强度、桩帽下土体底部土抗力强度、桩帽间土体底部土抗力强度分别采用 winkle 地基模型：

$$\sigma_b = k_b s_{pb} \; ; \; \sigma_{sb1} = k_b s_{s1b} \; ; \; \sigma_{s2} = k_b s_{s2b} \tag{4-69}$$

式中　　　　　k_p，k_{s1}——分别为桩体与桩帽下土体之间、桩帽边缘各竖直面土与土之间的抗剪刚度，kN/m^3；

$w_p(z)$，$w_{s1}(z)$，$w_{s2}(z)$——分别为等效单元体中桩体横截面、桩帽下土体横截面和桩帽间土体横截面的竖向位移，m；

k_b——桩端土体抗压刚度，kN/m^3；

s_{pb}，s_{s1b}，s_{s2b}——桩端平面处的桩端位移、桩帽下土体底部位移和桩帽间土体底部位移，m。

4.4.2　计算模型的建立

依据第 2 章试验研究的结果可知，带帽双桩复合地基中桩帽下土体与桩帽间土体的力学性状不完全相同，同时根据第 3 章分析的沉降计算模型，为研究带帽桩复合地基中桩体与土体的相互作用，取带帽单桩复合地基如图 4-30（a）、（b）

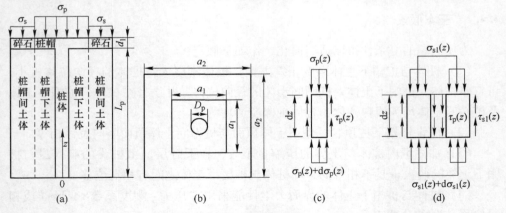

图 4-30　带帽单桩复合地基桩土体系

（a）计算模型简图；（b）平面示意图；（c）桩单元受力图；（d）桩帽下土体单元受力图

所示虚线区域作为研究对象。为便于分析，建立如图 4-30（a）所示的坐标系，图中，桩长 L_p，桩体直径 D_p，桩帽尺寸为 $a_1 \times a_1 \times d_1$，承台尺寸为 $a_2 \times a_2 \times d_2$，桩体横截面积为 $A_p = \pi D_p^2 / 4$，周长 $U_p = \pi D_p$，桩帽下土体横截面积 $A_{s1} = a_1^2 - \pi D_p^2 / 4$，桩帽间土体横截面积 $A_{s2} = a_2^2 - a_1^2$。

4.4.3 方程建立与求解

4.4.3.1 桩体力学平衡方程

为研究桩体的荷载传递规律，从桩体上取微段 dz 为研究分析对象，受力如图 4-30（c）所示（桩体单元实际上是一个环形单元，画图时为了方便只画了一个径向剖面），由微段的轴向拉压胡克定律及竖向静力平衡条件，同时利用基本假设式（4-66），可得桩体的控制微分方程为：

$$\sigma_p(z) = -E_p \cdot \frac{dw_p(z)}{dz}$$

$$\sigma_p(z) \cdot A_p - [\sigma_p(z) \cdot A_p + d\sigma_p(z) \cdot A_p] - \tau_p(z) \cdot U_p \cdot dz = 0$$

整理得：

$$\sigma_p(z) = -E_p \frac{dw_p(z)}{dz} \tag{4-70}$$

$$\frac{d^2 w_p(z)}{dz^2} = \frac{U_p k_p}{E_p A_p} [w_p(z) - w_{s1}(z)] \tag{4-71}$$

式中　　$\sigma_p(z)$——桩体截面上的轴向应力；

　　　　E_p——桩体的弹性模量；

　　$w_p(z)$——桩体截面的轴向位移；

　　$w_{s1}(z)$——桩帽下土体的竖向位移。

4.4.3.2 桩帽下土体力学平衡方程

为研究桩帽下土体的荷载传递规律，从桩帽下土体中取微段 dz 为研究分析对象，受力如图 4-30（d）所示（桩帽下土体单元实际上是一个绕桩体轴线对称的空心六面体单元，画图时为了方便只画了一个径向剖面），由微段的轴向拉压胡克定律及竖向静力平衡条件，同时利用基本假设式（4-66）、式（4-67）两式，可得桩帽下土体的控制微分方程为：

$$\sigma_{s1}(z) = -E_{s1} \cdot \frac{dw_{s1}(z)}{dz}$$

$$\sigma_{s1}(z) \cdot A_{s1} - [\sigma_{s1}(z) \cdot A_{s1} + d\sigma_{s1}(z) \cdot A_{s1}] - \tau_{s1}(z) \cdot 4a_1 \cdot dz + \tau_p(z) \cdot U_p \cdot dz = 0$$

整理得：

$$\sigma_{s1}(z) = -E_{s1} \frac{dw_{s1}(z)}{dz} \tag{4-72}$$

$$\frac{d^2 w_{s1}(z)}{dz^2} = \frac{4a_1 k_{s1} + U_p k_p}{E_{s1} A_{s1}} w_{s1}(z) - \frac{4a_1 k_{s1}}{E_{s1} A_{s1}} w_{s2}(z) - \frac{U_p k_p}{E_{s1} A_{s1}} w_p(z) \tag{4-73}$$

式中　$\sigma_{s1}(z)$——桩帽下土体水平截面上的竖向应力；

　　　E_{s1}——桩帽下土体的变形模量（取各土层变形模量的加权平均值）。

4.4.3.3　桩帽间土体力学平衡方程

为研究桩帽间土体的荷载传递规律，从桩帽间土体中取微段 dz 为研究分析对象，受力如图 4-31 所示（桩帽间土体单元实际上是一个绕桩体轴线对称的空心六面体单元，画图时为了方便只画了一个径向剖面），由微段的轴向拉压胡克定律及竖向静力平衡条件，同时利用基本假设式（4-67）、式（4-68）、式（4-69）三式，可得桩帽间土体的控制微分方程为：

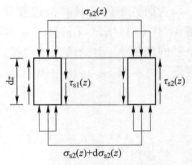

图 4-31　桩帽间土单元受力图

$$\sigma_{s2}(z) = -E_{s2} \cdot \frac{dw_{s2}(z)}{dz}$$

$$\sigma_{s2}(z) \cdot A_{s2} - [\sigma_{s2}(z) \cdot A_{s2} + d\sigma_{s2}(z) \cdot A_{s2}] - \tau_{s2}(z) \cdot 4a_2 \cdot dz + \tau_{s1}(z) \cdot 4a_1 \cdot dz = 0$$

整理得：

$$\sigma_{s2}(z) = -E_{s2} \frac{dw_{s2}(z)}{dz} \tag{4-74}$$

$$\frac{d^2 w_{s2}(z)}{dz^2} = \frac{4a_1 k_{s1}}{E_{s2} A_{s2}} w_{s2}(z) - \frac{4a_1 k_{s1}}{E_{s2} A_{s2}} w_{s1}(z) \tag{4-75}$$

式中　$\sigma_{s2}(z)$——桩帽间土体水平截面上的竖向应力；

　　　E_{s2}——桩帽间土体的变形模量（取各土层变形模量的加权平均值）。

4.4.3.4　方程求解

联立式（4-71）、式（4-73）、式（4-75）三式，可得：

$$\frac{d^6 w_p(z)}{dz^6} - \lambda_a \frac{d^4 w_p(z)}{dz^4} + \lambda_b \frac{d^2 w_p(z)}{dz^2} = 0 \tag{4-76}$$

$$\frac{d^4 w_{s1}(z)}{dz^4} - \lambda_s \frac{d^2 w_{s1}(z)}{dz^2} + \lambda_{so} w_{s1}(z) = -\lambda_o^2 \frac{d^2 w_p(z)}{dz^2} + \lambda_{so} w_p(z) \tag{4-77}$$

$$\frac{d^2 w_{s2}(z)}{dz^2} - \lambda_{s2}^2 w_{s2}(z) = -\lambda_{s2}^2 w_{s1}(z) \tag{4-78}$$

式中，$\lambda_a = \lambda_p^2 + \lambda_{s1}^2 + \lambda_{s2}^2$；$\lambda_b = \lambda_p^2 \lambda_{s2}^2 + \lambda_p^2 \lambda_d^2 + \lambda_{s1}^2 \lambda_o^2$；$\lambda_s = \lambda_{s1}^2 + \lambda_{s2}^2$；$\lambda_{so} = \lambda_o^2 \lambda_{s2}^2$；

$\lambda_p^2 = U_p k_p / E_p A_p$；$\lambda_o^2 = U_p k_p / E_{s1} A_{s1}$；$\lambda_d^2 = 4a_1 k_{s1} / E_{s1} A_{s1} = \lambda_{s1}^2 - \lambda_o^2$；

$\lambda_{s1}^2 = (4a_1 k_{s1} + U_p k_p) / E_{s1} A_{s1}$；$\lambda_{s2}^2 = 4a_1 k_{s1} / E_{s2} A_{s2}$。

特征方程：$\lambda^6 - \lambda_a \lambda^4 + \lambda_b \lambda^2 = 0$

求解式（4-76）得 $w_p(z)$ 的通解：

$$w_p(z) = c_1 e^{\lambda_1 z} + c_2 e^{-\lambda_1 z} + c_3 e^{\lambda_2 z} + c_4 e^{-\lambda_2 z} + c_5 z + c_6 \qquad (4\text{-}79)$$

式中，$\lambda_1 = \sqrt{(\lambda_a + \sqrt{\lambda_a^2 - 4\lambda_b})/2}$；$\lambda_2 = \sqrt{(\lambda_a - \sqrt{\lambda_a^2 - 4\lambda_b})/2}$。

将式（4-79）代入式（4-77），由微分方程理论可得式（4-77）的通解为：

$$w_{s1}(z) = c_7 e^{\lambda_3 z} + c_8 e^{-\lambda_3 z} + c_9 e^{\lambda_4 z} + c_{10} e^{-\lambda_4 z} + A_1 c_1 e^{\lambda_1 z} + A_1 c_2 e^{-\lambda_1 z} +$$
$$A_2 c_3 e^{\lambda_2 z} + A_2 c_4 e^{-\lambda_2 z} + c_5 z + c_6 \qquad (4\text{-}80)$$

式中，$\lambda_3 = \sqrt{(\lambda_s + \sqrt{\lambda_s^2 - 4\lambda_{so}})/2}$；$\lambda_4 = \sqrt{(\lambda_s - \sqrt{\lambda_s^2 - 4\lambda_{so}})/2}$；

$$A_i = \frac{-\lambda_o^2 \lambda_i^2 + \lambda_{so}}{\lambda_i^4 - \lambda_s \lambda_i^2 + \lambda_{so}} \quad (i = 1, 2)。$$

将式（4-80）代入式（4-78），由微分方程理论可得式（4-78）的通解为：

$$w_{s2}(z) = c_{11} e^{\lambda_5 z} + c_{12} e^{-\lambda_5 z} + B_3 c_7 e^{\lambda_3 z} + B_3 c_8 e^{-\lambda_3 z} + B_4 c_9 e^{\lambda_4 z} + B_4 c_{10} e^{-\lambda_4 z} +$$
$$B_1 A_1 c_1 e^{\lambda_1 z} + B_1 A_1 c_2 e^{-\lambda_1 z} + B_2 A_2 c_3 e^{\lambda_2 z} + B_2 A_2 c_4 e^{-\lambda_2 z} + c_5 z + c_6 \quad (4\text{-}81)$$

式中，$\lambda_5 = \lambda_{s2}$；$B_i = \dfrac{-\lambda_{s2}^2}{\lambda_i^2 - \lambda_{s2}^2} \quad (i = 1, 2, 3, 4)。$

将式（4-79）、式（4-80）、式（4-81）三式分别代入式（4-70）、式（4-72）和式（4-74）三式，可得桩体横截面竖向平均应力 $\sigma_p(z)$、桩帽下土体竖向平均应力 $\sigma_{s1}(z)$ 及桩帽间土体的竖向平均应力 $\sigma_{s2}(z)$ 的表达式：

$$\sigma_p(z) = -E_p[c_1 \lambda_1 e^{\lambda_1 z} - c_2 \lambda_1 e^{-\lambda_1 z} + c_3 \lambda_2 e^{\lambda_2 z} - c_4 \lambda_2 e^{-\lambda_2 z} + c_5] \qquad (4\text{-}82)$$

$$\sigma_{s1}(z) = -E_{s1}[c_7 \lambda_3 e^{\lambda_3 z} - c_8 \lambda_3 e^{-\lambda_3 z} + c_9 \lambda_4 e^{\lambda_4 z} - c_{10} \lambda_4 e^{-\lambda_4 z} +$$
$$A_1 c_1 \lambda_1 e^{\lambda_1 z} - A_1 c_2 \lambda_1 e^{-\lambda_1 z} + A_2 c_3 \lambda_2 e^{\lambda_2 z} - A_2 c_4 \lambda_2 e^{-\lambda_2 z} + c_5] \qquad (4\text{-}83)$$

$$\sigma_{s2}(z) = -E_{s2}[c_{11} \lambda_5 e^{\lambda_5 z} - c_{12} \lambda_5 e^{-\lambda_5 z} + B_3 c_7 \lambda_3 e^{\lambda_3 z} - B_3 c_8 \lambda_3 e^{-\lambda_3 z} +$$
$$B_4 c_9 \lambda_4 e^{\lambda_4 z} - B_4 c_{10} \lambda_4 e^{-\lambda_4 z} + B_1 A_1 c_1 \lambda_1 e^{\lambda_1 z} - B_1 A_1 c_2 \lambda_1 e^{-\lambda_1 z} +$$
$$B_2 A_2 c_3 \lambda_2 e^{\lambda_2 z} - B_2 A_2 c_4 \lambda_2 e^{-\lambda_2 z} + c_5] \qquad (4\text{-}84)$$

由微分方程理论可知：式（4-79）、式（4-80）、式（4-81）三式必须使式（4-71）、式（4-73）、式（4-75）恒成立。将式（4-79）、式（4-80）、式（4-81）三式代入式（4-71）、式（4-73）、式（4-75）可看出：式（4-79）、式（4-80）、式（4-81）三式无法精确满足式（4-71）、式（4-73）、式（4-75），因此利用微分方程的近似解法——加权子域法，也就是使式（4-79）、式（4-80）、式（4-81）三式满足如下六个积分方程来近似满足式（4-71）、式（4-73）、式（4-75），以达到求解目的。

$$\int_0^{\frac{L_p}{2}} \left\{ \frac{\mathrm{d}^2 w_p(z)}{\mathrm{d}z^2} - \lambda_p^2 [w_p(z) - w_{s1}(z)] \right\} \mathrm{d}z = 0 \tag{4-85}$$

$$\int_{\frac{L_p}{2}}^{L_p} \left\{ \frac{\mathrm{d}^2 w_p(z)}{\mathrm{d}z^2} - \lambda_p^2 [w_p(z) - w_{s1}(z)] \right\} \mathrm{d}z = 0 \tag{4-86}$$

$$\int_0^{\frac{L_p}{2}} \left\{ \frac{\mathrm{d}^2 w_{s1}(z)}{\mathrm{d}z^2} - [\lambda_{s1}^2 w_{s1}(z) - \lambda_o^2 w_p(z) - \lambda_d^2 w_{s2}(z)] \right\} \mathrm{d}z = 0 \tag{4-87}$$

$$\int_{\frac{L_p}{2}}^{L_p} \left\{ \frac{\mathrm{d}^2 w_p(z)}{\mathrm{d}z^2} - [\lambda_{s1}^2 w_{s1}(z) - \lambda_o^2 w_p(z) - \lambda_d^2 w_{s2}(z)] \right\} \mathrm{d}z = 0 \tag{4-88}$$

$$\int_0^{\frac{L_p}{2}} \left\{ \frac{\mathrm{d}^2 w_{s2}(z)}{\mathrm{d}z^2} + \lambda_{s2}^2 [w_{s1}(z) - w_{s2}(z)] \right\} \mathrm{d}z = 0 \tag{4-89}$$

$$\int_{\frac{L_p}{2}}^{L_p} \left\{ \frac{\mathrm{d}^2 w_{s2}(z)}{\mathrm{d}z^2} + \lambda_{s2}^2 [w_{s1}(z) - w_{s2}(z)] \right\} \mathrm{d}z = 0 \tag{4-90}$$

将式 (4-79)、式 (4-80)、式 (4-81) 三式代入式 (4-85)、式 (4-86)、式 (4-87)、式 (4-88)、式 (4-89)、式 (4-90) 六式，可得待定系数的关系为：

$$
\begin{bmatrix} c_7 \\ c_8 \\ c_9 \\ c_{10} \\ c_{11} \\ c_{12} \end{bmatrix} = \begin{bmatrix} d_3 e_{31} & -d_3 e_{32} & d_4 e_{41} & -d_4 e_{42} & 0 & 0 \\ d_3 e_{31}^2 & -d_3 e_{32}^2 & d_4 e_{41}^2 & -d_4 e_{42}^2 & 0 & 0 \\ f_3 e_{31} & -f_3 e_{32} & f_4 e_{41} & -f_4 e_{42} & f_5 e_{51} & -f_5 e_{52} \\ f_3 e_{31}^2 & -f_3 e_{32}^2 & f_4 e_{41}^2 & -f_4 e_{42}^2 & f_5 e_{51}^2 & -f_5 e_{52}^2 \\ t_3 e_{31} & -t_3 e_{32} & t_4 e_{41} & -t_4 e_{42} & t_5 e_{51} & -t_5 e_{52} \\ t_3 e_{31}^2 & -t_3 e_{32}^2 & t_4 e_{41}^2 & -t_4 e_{42}^2 & t_5 e_{51}^2 & -t_5 e_{52}^2 \end{bmatrix}^{-1} \times
$$

$$
\begin{bmatrix} -d_1 e_{11} & d_1 e_{12} & -d_2 e_{21} & d_2 e_{22} \\ -d_1 e_{11}^2 & d_1 e_{12}^2 & -d_2 e_{21}^2 & d_2 e_{22}^2 \\ -f_1 e_{11} & f_1 e_{12} & -f_2 e_{21} & f_2 e_{22} \\ -f_1 e_{11}^2 & f_1 e_{12}^2 & -f_2 e_{21}^2 & f_2 e_{22}^2 \\ -t_1 e_{11} & t_1 e_{12} & -t_2 e_{21} & t_2 e_{22} \\ -t_1 e_{11}^2 & t_1 e_{12}^2 & -t_2 e_{21}^2 & t_2 e_{22}^2 \end{bmatrix} \cdot \begin{bmatrix} c_1 \\ c_2 \\ c_3 \\ c_4 \end{bmatrix} \tag{4-91}
$$

式中，$e_{i1} = \mathrm{e}^{\lambda_i \frac{L_p}{2}} - 1$，$e_{i2} = \mathrm{e}^{-\lambda_i \frac{L_p}{2}} - 1$ $(i=1, 2, 3, 4, 5)$；

$$d_i = \frac{\lambda_i}{\lambda_p^2} - \frac{1 - A_i}{\lambda_i} (i=1, 2)；\quad d_j = \frac{1}{\lambda_j} (j=3, 4)；$$

$$f_i = A_i\lambda_i - \frac{\lambda_{s1}^2}{\lambda_i}A_i + \frac{\lambda_o^2}{\lambda_i} + \frac{\lambda_d^2}{\lambda_i}B_iA_i \ (i=1,\ 2); f_j = \lambda_j - \frac{\lambda_{s1}^2}{\lambda_j} + \frac{\lambda_d^2}{\lambda_j} \cdot B_j \ (j=3,\ 4);$$

$$f_5 = \frac{\lambda_d^2}{\lambda_5};$$

$$t_i = B_iA_i\lambda_i + \frac{\lambda_{s2}^2}{\lambda_i}A_i(1-B_i) \ (i=1,\ 2); t_j = B_j\lambda_j + \frac{\lambda_{s2}^2}{\lambda_j}(1-B_j) \ (j=3,\ 4);$$

$$t_5 = \lambda_5 - \frac{\lambda_{s2}^2}{\lambda_5}\circ$$

对于给定的参数（两个 6×6 阶矩阵中各项均可由桩体和土体的力学性能指标确定），由式（4-91）利用 Matlab 软件或编制程序，可以很容易确定待定参数 c_7、c_8、c_9、c_{10}、c_{11}、c_{12}，但是若要求 c_7、c_8、c_9、c_{10}、c_{11}、c_{12} 的解析式则显得异常复杂（6×6 阶矩阵求逆），而且表达式很长。为了不失一般性，不妨用 c_1、c_2、c_3、c_4 的代数式来表达出 c_7、c_8、c_9、c_{10}、c_{11}、c_{12}，并设其表达式为：

$$c_7 = f_{71}(c_1)c_1 + f_{72}(c_2)c_2 + f_{73}(c_3)c_3 + f_{74}(c_4)c_4 \tag{4-92}$$

$$c_8 = f_{81}(c_1)c_1 + f_{82}(c_2)c_2 + f_{83}(c_3)c_3 + f_{84}(c_4)c_4 \tag{4-93}$$

$$c_9 = f_{91}(c_1)c_1 + f_{92}(c_2)c_2 + f_{93}(c_3)c_3 + f_{94}(c_4)c_4 \tag{4-94}$$

$$c_{10} = f_{01}(c_1)c_1 + f_{02}(c_2)c_2 + f_{03}(c_3)c_3 + f_{04}(c_4)c_4 \tag{4-95}$$

$$c_{11} = f_{11}(c_1)c_1 + f_{12}(c_2)c_2 + f_{13}(c_3)c_3 + f_{14}(c_4)c_4 \tag{4-96}$$

$$c_{12} = f_{21}(c_1)c_1 + f_{22}(c_2)c_2 + f_{23}(c_3)c_3 + f_{24}(c_4)c_4 \tag{4-97}$$

上述各式中：$f_{71}(c_1)$、$f_{72}(c_2)$、$f_{73}(c_3)$、$f_{74}(c_4)$ 分别为待定参数 c_7 用 c_1、c_2、c_3、c_4 来表示时各项的系数，可由式（4-91）来确定，其他各式的表达意义相同。即 $f_{ji}(c_i)$ 的含义为待定参数 c_j 的表达式中含有 c_i 项的系数，其中 j＝7、8、9、10、11、12；i＝1、2、3、4。

将式（4-92）～式（4-97）各式代入式（4-79）～式（4-84）各式，可得桩体位移 $w_p(z)$、横截面竖向平均应力 $\sigma_p(z)$ 及桩侧摩阻力 $\tau_p(z)$ 的表达式；可得桩帽下土体竖向位移 $w_{s1}(z)$、竖向平均应力 $\sigma_{s1}(z)$ 及桩帽边缘各竖直面上的摩擦阻力 $\tau_{s1}(z)$ 的表达式；可得桩帽间土体的竖向位移 $w_{s2}(z)$、竖向平均应力 $\sigma_{s2}(z)$ 及桩帽间对称截面上摩擦阻力 $\tau_{s2}(z)$ 的表达式。将该六式统一用矩阵形式表示为：

$$X(z) = A(z)C \tag{4-98}$$

式中　$X(z)$——桩体、桩帽下土体及桩帽间土体任意截面的状态向量；

　　　$A(z)$——过渡矩阵；

　　　C——待定常数矩阵，并有：

$$X(z) = [\,w_p(z) \quad \sigma_p(z) \quad w_{s1}(z) \quad \sigma_{s1}(z) \quad w_{s2}(z) \quad \sigma_{s2}(z)\,]^T;$$

$$C = [\,c_1 \quad c_2 \quad c_3 \quad c_4 \quad c_5 \quad c_6\,]^T;$$

$$A(z) = \begin{bmatrix} E_1(z) & E_2(z) & E_3(z) & E_4(z) & z & 1 \\ F_1(z) & F_2(z) & F_3(z) & F_4(z) & -E_p & 0 \\ G_1(z) & G_2(z) & G_3(z) & G_3(z) & z & 1 \\ H_1(z) & H_2(z) & H_3(z) & H_4(z) & -E_{s1} & 0 \\ R_1(z) & R_2(z) & R_3(z) & R_4(z) & z & 1 \\ T_1(z) & T_2(z) & T_3(z) & T_4(z) & -E_{s2} & 0 \end{bmatrix} \tag{4-99}$$

式中，$E_i(z) = e^{\xi_i z}$，$F_i(z) = -E_p \xi_i e^{\xi_i z}$，$(i=1,2,3,4)$；

$G_i(z) = a_i e^{\xi_i z} + f_{7i}(c_i) e^{\lambda_3 z} + f_{8i}(c_i) e^{-\lambda_3 z} + f_{9i}(c_i) e^{\lambda_4 z} + f_{0i}(c_i) e^{-\lambda_4 z}$；

$H_i(z) = -E_{s1}[a_i \xi_i e^{\xi_i z} + f_{7i}(c_i) \lambda_3 e^{\lambda_3 z} - f_{8i}(c_i) \lambda_3 e^{-\lambda_3 z} + f_{9i}(c_i) \lambda_4 e^{\lambda_4 z} - f_{0i}(c_i) \lambda_4 e^{-\lambda_4 z}]$；

$R_i(z) = b_i a_i e^{\xi_i z} + B_3 f_{7i}(c_i) e^{\lambda_3 z} + B_3 f_{8i}(c_i) e^{-\lambda_3 z} + B_4 f_{9i}(c_i) e^{\lambda_4 z} + B_4 f_{0i}(c_i) e^{-\lambda_4 z} + f_{1i}(c_i) e^{\lambda_5 z} + f_{2i}(c_i) e^{-\lambda_5 z}$；

$T_i(z) = -E_{s2}[b_i a_i \xi_i e^{\xi_i z} + B_3 f_{7i}(c_i) \lambda_3 e^{\lambda_3 z} - B_3 f_{8i}(c_i) \lambda_3 e^{-\lambda_3 z} + B_4 f_{9i}(c_i) \lambda_4 e^{\lambda_4 z} - B_4 f_{0i}(c_i) \lambda_4 e^{-\lambda_4 z} + f_{1i}(c_i) \lambda_5 e^{\lambda_5 z} - f_{2i}(c_i) \lambda_5 e^{-\lambda_5 z}]$　$(i=1,2,3,4)$。

$$\tag{4-100}$$

其中：

$a_1 = a_2 = A_1$，$a_3 = a_4 = A_2$，$b_1 = b_2 = B_1$，$b_3 = b_4 = B_2$，$\xi_1 = \lambda_1$，$\xi_2 = -\lambda_1$，$\xi_3 = \lambda_2$，$\xi_4 = -\lambda_2$。

本问题的边界条件是：

当 $z=0$ 时，即在桩底水平面位置有：

$w_p(0) = s_{pb}$，$\sigma_p(0) = \sigma_{pb}$，$w_{s1}(0) = s_{s1b}$，$\sigma_{s1}(0) = \sigma_{s1b}$，$w_{s2}(0) = s_{s2b}$，

$\sigma_{s2}(0) = \sigma_{s2b}$

$$\tag{4-101}$$

式中　s_{pb}，σ_{pb}——分别表示桩端平面处桩体底部位移和桩端压力强度，

$\sigma_{pb} = k_b s_{pb}$；

s_{s1b}，σ_{s1b}——分别表示桩端平面处桩帽下土体底部位移和桩端土体抗力

强度，$\sigma_{s1b} = k_b s_{s1b}$；

s_{s2b}，σ_{s2b}——分别表示桩端平面处桩帽间土体底部位移和桩端土体抗力

强度，$\sigma_{s2b} = k_b s_{s2b}$。

将式（4-101）代入式（4-98）可得待定系数矩阵为：

$$C = A^{-1}(0) X(0) \tag{4-102}$$

式中　$A^{-1}(0)$——$z=0$ 时矩阵 $A(z)$ 的逆矩阵；

$X(0)$——桩顶、桩帽下土体顶部、桩帽间土体顶部的横截面状态向量，

即 $X(0) = [s_{pb} \quad \sigma_{pb} \quad s_{s1b} \quad \sigma_{s1b} \quad s_{s2b} \quad \sigma_{s2b}]^T$。

将式（4-102）代入式（4-98），可得桩体、桩帽下土体、桩帽间土体任意水

平截面状态向量与桩底、桩帽下土体顶部、桩帽间土体顶部水平截面状态向量的关系为：

$$X(z) = D(z)X(0) \tag{4-103}$$

式中　　$D(z)$——传递矩阵，$D(z) = A(z)A^{-1}(0)$。

将 $z = L_p$ 代入式（4-103），可得桩顶、桩帽下土体顶部、桩帽间土体顶部水平截面状态向量与桩底、桩帽下土体底部、桩帽间土体底部水平截面状态向量的关系为：

$$X(L_p) = D(L_p)X(0) \tag{4-104}$$

式中　　$X(L_p)$——桩端及桩帽下土体底部水平截面状态向量：

$$X(L_p) = \begin{bmatrix} s_{pt} & \sigma_{pt} & s_{s1t} & \sigma_{s1t} & s_{s2t} & \sigma_{s2t} \end{bmatrix}^T$$

式中　　s_{pt}，s_{s1t}，s_{s2t}——分别为桩顶、桩帽下土体顶部、桩帽间土体顶部的竖向位移；

　　　　σ_{pt}，σ_{s1t}，σ_{s2t}——分别为桩顶、桩帽下土体顶部、桩帽间土体顶部的竖向平均应力。

由式（4-104）可以得到桩顶水平截面状态向量与桩端水平截面状态向量之间的关系，因此在已知桩顶荷载沉降关系的条件下，可以通过式（4-103）求出桩帽顶在任意荷载水平作用下桩身任意水平截面的轴向位移 $w_p(z)$、桩帽下土体在任意截面上的竖向位移 $w_{s1}(z)$ 及桩帽间土体在任意截面上的竖向位移 $w_{s2}(z)$；利用式（4-103）可以绘制出任意荷载水平作用下，桩顶、桩帽下土体顶部、桩帽间土体顶部荷载沉降曲线；可以求出桩身任意水平截面轴向应力 $\sigma_p(z)$ 或轴力 $P_p(z)$、桩帽下土体任意水平截面的竖向应力 $\sigma_{s1}(z)$、桩帽间土体任意水平截面的竖向应力 $\sigma_{s2}(z)$；利用式（4-66）、式（4-67）可以求出任意水平截面桩侧摩阻力 $\tau_p(z)$ 和桩帽边缘下土体之间的摩阻力 $\tau_{s1}(z)$，并可以绘制出桩侧摩阻力 $\tau_p(z)$、桩帽边缘下土体之间的摩阻力 $\tau_{s1}(z)$ 沿深度变化规律曲线。

4.4.3.5　本方法的计算步骤

（1）首先根据桩顶沉降、桩帽下土体顶部沉降及桩帽间土体顶部沉降的数值（此处认为桩顶沉降、桩帽下土体顶部沉降与桩帽间土体顶部沉降数值相等，即 $s_{pt} = s_{s1t} = s_{s2t}$，也可以考虑三者沉降不相等的情况），利用式（4-104）或式（4-105）确定桩底位移 s_{pb}、桩帽下土体底部位移 s_{s1b} 和桩帽间土体底部位移 s_{s2b} 的关系式，并有 $\sigma_{pb} = k_b s_{pb}$，$\sigma_{s1b} = k_b s_{s1b}$，$\sigma_{s2b} = k_b s_{s2b}$。

$$\begin{bmatrix} s_{pt} \\ \sigma_{pt} \\ s_{s1t} \\ \sigma_{s1t} \\ s_{s2t} \\ \sigma_{s2t} \end{bmatrix} = \begin{bmatrix} E_1(L_p) & E_2(L_p) & E_3(L_p) & E_4(L_p) & L_p & 1 \\ F_1(L_p) & F_2(L_p) & F_3(L_p) & F_4(L_p) & -E_p & 0 \\ G_1(L_p) & G_2(L_p) & G_3(L_p) & G_3(L_p) & L_p & 1 \\ H_1(L_p) & H_2(L_p) & H_3(L_p) & H_4(L_p) & -E_{s1} & 0 \\ R_1(L_p) & R_2(L_p) & R_3(L_p) & R_4(L_p) & L_p & 1 \\ T_1(L_p) & T_2(L_p) & T_3(L_p) & T_4(L_p) & -E_{s2} & 0 \end{bmatrix} \times$$

$$\begin{bmatrix} E_1(0) & E_2(0) & E_3(0) & E_4(0) & 0 & 1 \\ F_1(0) & F_2(0) & F_3(0) & F_4(0) & -E_p & 0 \\ G_1(0) & G_2(0) & G_3(0) & G_3(0) & 0 & 1 \\ H_1(0) & H_2(0) & H_3(0) & H_4(0) & -E_{s1} & 0 \\ R_1(0) & R_2(0) & R_3(0) & R_4(0) & 0 & 1 \\ T_1(0) & T_2(0) & T_3(0) & T_4(0) & -E_{s2} & 0 \end{bmatrix}^{-1} \times \begin{bmatrix} s_{pb} \\ \sigma_{pb} \\ s_{s1b} \\ \sigma_{s1b} \\ s_{s2b} \\ \sigma_{s2b} \end{bmatrix} \qquad (4\text{-}105)$$

（2）根据不同的桩顶位移 s_{pt1}、s_{pt2}、…、桩帽下土体顶部位移 s_{s1t1}、s_{s1t2}、…和桩帽间土体顶部位移 s_{s2t1}、s_{s2t2}、…，利用 s_{pb}、s_{s1b} 和 s_{s2b} 的关系式确定出相应的桩底位移 s_{pb1}、s_{pb2}、…，桩帽下土体底位移 s_{s1b1}、s_{s1b2}、…和桩帽间土体底位移 s_{s2b1}、s_{s2b2}、…，以此作为已知位移条件。

（3）利用式（4-103）和式（4-104）两式，可确定任意桩顶位移所对应的桩身轴向应力和位移、桩帽下土体和竖向应力和位移、桩帽间土体的竖向应力和位移，并可绘制出上述各种情况与深度之间的关系曲线。

（4）利用式（4-66）、式（4-67）可以求出任意水平截面桩侧摩阻力 $\tau_p(z)$ 和桩帽边缘下土体之间的摩阻力 $\tau_{s1}(z)$，并可以绘制出桩侧摩阻力 $\tau_p(z)$、桩帽边缘下土体之间的摩阻力 $\tau_{s1}(z)$ 沿深度变化规律曲线。

（5）根据复合桩土应力比的定义，可绘制出复合桩土应力比与荷载水平的关系曲线。

4.4.4 工程算例及带帽单桩复合地基桩土力学性状分析

4.4.4.1 工程背景与计算参数

以带帽双桩复合地基中的 5 号桩或 6 号桩为例，工程地质条件详见第二章，荷载水平、土体变形模量、桩径、桩帽尺寸、桩长及已知桩顶沉降等已知的计算参数与设计和试验结果取为一致，以便比较，并取计算参数 $k_p = 3500\text{kN/m}^3$，$k_{s1} = 1700\text{kN/m}^3$，$k_{s2} = 1200\text{kN/m}^3$，$k_b = 2000\text{kN/m}^3$。

4.4.4.2 带帽单桩复合地基力学性状计算结果

带帽复合桩体的桩体沉降、桩帽下土体沉降、桩帽间土体沉降及其相互间的沉降差与深度关系曲线如图 4-32 ~ 图 4-36 所示，桩体轴向应力、桩帽下土体竖向应力、桩帽间土体竖向应力与深度关系曲线如图 4-37 ~ 图 4-39 所示，桩身侧摩阻力、桩帽边缘侧摩阻力与深度关系曲线如图 4-40 和图 4-41 所示，复合桩土应力比荷载水平关系曲线如图 4-42 所示。

4.4.4.3 带帽单桩复合地基力学性状结果分析

（1）桩体沉降。如图 4-32 所示，桩体沉降随荷载水平增大而增大。同一荷载水平作用下，桩体沉降与深度关系曲线近似于直线，这主要是由于桩体刚度极大所致，桩体沉降基本上表现出是等量下沉的，桩体本身的压缩量极小，可忽略不计。

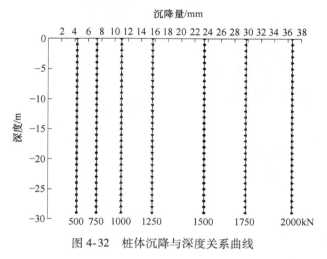

图4-32　桩体沉降与深度关系曲线

（2）桩帽下土体沉降。如图4-33所示，桩帽下土体沉降随荷载水平增大而增大。同一荷载水平作用下，桩帽下土体沉降随深度增加而逐渐减小，并且荷载水平越大，土体沉降曲线收敛速度越快。从图4-33还可以看出，桩帽下土体沉降主要发生在桩身15m范围内。

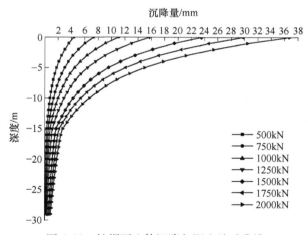

图4-33　桩帽下土体沉降与深度关系曲线

（3）桩帽间土体沉降。如图4-34所示，桩帽间土体沉降随荷载水平增大而增大。同一荷载水平作用下，桩帽下土体沉降随深度增加而逐渐减小，并且荷载水平越大，土体沉降曲线收敛速度越快。从图4-34还可以看出，桩帽下土体沉降主要发生在桩身25m范围内。

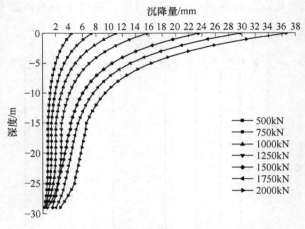

图 4-34　桩帽间土体沉降与深度关系曲线

（4）桩体与桩帽下土体之间的沉降差。如图 4-35 所示，二者之间的沉降差随荷载水平增大而增大。同一荷载水平作用下，二者之间的沉降差随深度增加而逐渐增大，浅层内曲线斜率变化比较明显，深层范围内曲线斜率基本上不变，说明二者之间的沉降差随深度逐渐增大并趋近于常数，桩端与其桩侧土体相对位移基本上不变。

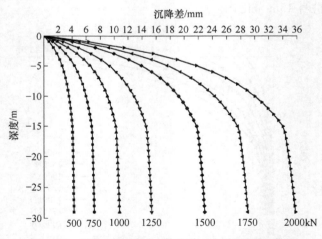

图 4-35　桩体与桩帽下土体沉降差与深度关系曲线

（5）桩帽下土体与桩帽间土体之间的沉降差。如图 4-36 所示，二者之间的沉降差随荷载水平增大而增大。同一荷载水平作用下，二者之间的沉降差随深度增加而逐渐增大至最大值，而后又逐渐减小，说明两者之间的相对位移呈现出先增加后减小的趋势。

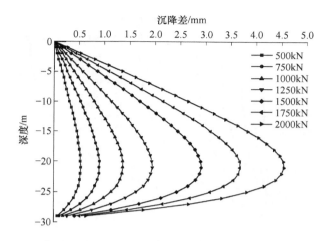

图 4-36 桩帽下与桩帽间土体沉降差与深度关系曲线

（6）桩体轴向应力。如图 4-37 所示，桩体轴向应力随荷载水平增大而增大。同一荷载水平作用下，桩体轴向应力（或桩身轴力）随深度增加而逐渐减小，桩顶轴向应力比较大，桩端轴向应力很小，摩擦型桩主要是靠桩侧摩阻力发挥作用，桩端承载一般较小。

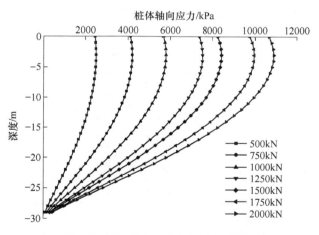

图 4-37 桩体轴向应力与深度关系曲线

（7）桩帽下土体竖向应力。如图 4-38 所示，桩帽下土体竖向应力随荷载水平增大而增大。同一荷载水平作用下，桩帽下土体中竖向应力呈现出随深度增加而逐渐减小的趋势，在顶面位置应力水平较大，在桩端平面处应力水平较小，但是荷载水平较大时，桩端平面处土体应力水平仍然较大，分析原因可能是荷载水平过高和参数选取不当所致。

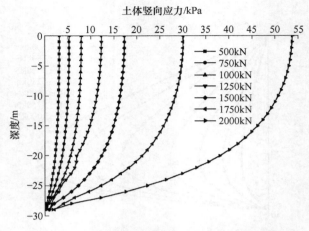

图 4-38   桩帽下土体竖向应力与深度关系曲线

（8）桩帽间土体竖向应力。如图 4-39 所示，桩帽间土体竖向应力随荷载水平增大而增大。同一荷载水平作用下，桩帽下土体竖向应力随深度增加而逐渐减小，在顶面位置应力水平较大，在桩端平面处几乎为 0。说明桩帽下土体受压是有一定的影响深度范围，约为 25m，这与试验所得的影响深度为 15m 的结果有相差，分析原因可能是参数不当及基本不完全合理所致，但与图 4-21 桩帽间土体沉降的规律相似。

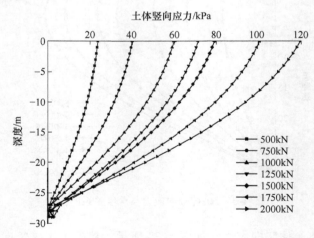

图 4-39   桩帽间土体竖向应力与深度关系曲线

（9）桩身侧摩阻力。如图 4-40 所示，桩身侧摩阻力随荷载水平增大而增大。同一荷载水平作用下，桩身侧摩阻力随深度逐渐增大，说明摩擦型刚性桩的桩身侧摩阻力可全桩长发挥，曲线斜率由大变小。说明带帽刚性疏桩复合地基在深层的桩身侧摩阻力变化较浅层慢，深层桩身侧摩阻力发挥较好，与图 4-22 表现出深层的桩体与桩帽下土体沉降较大的规律相似。

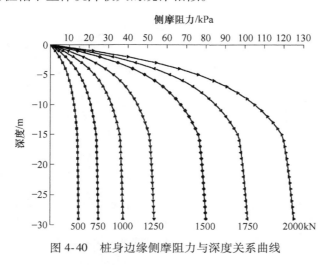

图 4-40 桩身边缘侧摩阻力与深度关系曲线

（10）桩帽边缘土体侧摩阻力。如图 4-41 所示，桩帽边缘土体侧摩阻力随荷载水平增大而增大。同一荷载水平作用下，桩帽边缘土体之间的侧摩阻力基本上是呈现出随深度增加而逐渐增大、而后又减小的趋势，这与图 4-36 所得到的规律相似，浅层内土体之间的相对位移随深度增加而增加，深层内土体之间的相对位移随深度增加而减小。

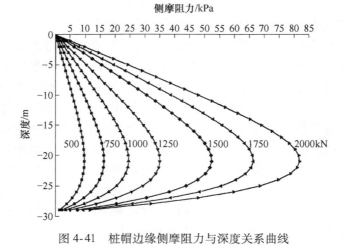

图 4-41 桩帽边缘侧摩阻力与深度关系曲线

（11）复合桩土应力比。如图 4-42 所示，不同荷载水平作用下，复合桩土应力比随荷载水平增大而减小，但计算结果与试验结果相差较大，分析原因可能是计算参数的选取不太合适所致，但计算结果的规律与由试验所得到的规律相似，基本上也可以反映。

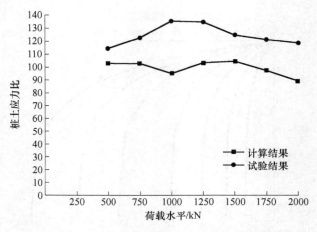

图 4-42　桩土应力比与荷载水平关系曲线

4.5　本章小节

（1）带帽刚性疏桩复合地基中垫层—带帽桩—土体三者之间的共同作用非常复杂，对于带帽桩复合地基沉降计算必须考虑三维情况和土层的不均匀性，以合理反映复合地基的变形特征。在一些假定的基础上，采用等沉面的思想，考虑桩帽顶和桩端发生上下刺入现象，同时利用广义胡克定律，分析了带帽 PTC 型刚性疏桩复合地基的一些力学性状，包括带帽 PTC 型刚性疏桩复合地基褥垫层的作用，提出复合桩土应力比和复合桩面积置换率的概念，并推导出复合桩土应力比的计算公式。考虑了桩体中心间距、桩长、桩帽尺寸、垫层变形模量、下卧层土体变形模量、桩帽间土体变形模量、静止侧压系数（土体内摩擦角）、荷载水平等因素对复合桩土应力比、等沉面位置的影响。分析某种因素对复合桩土应力比或等沉面位置的影响时，只考虑该因素计算参数的改变，其他各种影响因素的计算参数均取基本参数值，没有考虑各种因素相互间对复合桩土应力比或等沉面位置的叠加影响。各种对复合桩土应力比和等沉面的影响因素，能够反映出带帽刚性疏桩复合地基力学性状的一般规律，并可利用复合桩土应力比以控制和调整桩帽间土体的沉降量来进行复合地基的优化设计。

（2）带帽复合单桩的力学性状分析，基于合理假定和弹性理论，采用荷载传递函数法，对其桩土相互作用进行了线性分析，得到了复合桩体中桩体沉降、桩帽下土体的竖向位移、桩身轴向应力、桩帽下土体的竖向应力、桩身侧摩阻力、桩帽边缘土体之间的侧摩阻力与荷载水平、深度之间的控制微分方程，并得到其解析表达式。计算结果表明该方法基本上能够反映带帽单桩桩土相互作用的一般规律。

（3）带帽单桩复合地基的力学性状分析，依据试验结果，考虑桩帽下与桩帽间的土体所分担的荷载对桩体荷载传递规律的不同影响，基于合理假定和弹性力学理论，采用荷载传递函数法，对带帽单桩复合地基桩土相互作用进行了线性分析，得到了带帽桩复合地基中桩体沉降、桩帽下土体的竖向位移、桩帽间土体的竖向位移、桩身轴向应力、桩帽下土体的竖向应力、桩帽间土体的竖向应力、桩身侧摩阻力、桩帽边缘土体之间的侧摩阻力与荷载水平、深度之间的控制微分方程，并得到其解析表达式。计算结果表明该方法基本上能够反映带帽单桩桩土相互作用的一般规律。

（4）以上三种计算结果表明均能较好地反映带帽桩复合地基力学性状的一些基本规律，但是计算结果与试验结果相比，数值上还存在一定的差别，分析其原因主要有以下几方面：一是因为土体参数的复杂多变性，各种计算参数的选取也不能完全反映出土体的力学性质指标，带有一定的随机性，这是产生误差的一个重要来源；二是所采用的计算模型与现场试验、原型观测之间存在差异，同时采用弹性假定，不可避免会造成计算值与现场试验值之间的差异。考虑到新建高速公路路堤荷载一般较小，理论分析中采用弹性假定在一定程度上还是能够反映出带帽桩复合地基的一些力学性状规律，但当荷载水平较大时，土体可能已进入塑性变形阶段，此时若仍采用弹性假定，则不符合土体的真实承载状态，因此会产生更多误差。限于理论水平和土体的复杂性与不确定性，以及荷载水平较小等原因，理论分析中均采用了材料的线弹性假定，而未采用弹塑性假定。

（5）考虑到土体力学性质指标的复杂性，建议加强土体力学指标的现场试验研究和室内土工试验，在试验方法上也应进行深入研究，使得试验结果能够较真实地反映出土体的力学性能指标，尽量避免土体参数选取上的随机性，使计算结果更接近于试验结果。

5 带帽 PTC 型刚性疏桩复合地基力学性状有限元分析

5.1 有限元法概述

有限元法是一种可以求解复杂工程问题的数值方法，它是建立在现代计算机技术和工程问题基本理论基础上，对理论推导无法解决、室内试验难以实施的工程问题进行"数值模拟"的一种研究手段，它具有几个突出的优点：（1）可以解决非线性问题；（2）易于处理非均质材料、各向异性材料；（3）能够适应各种复杂的边界条件；（4）能够模拟各种工况。经过多年的努力，有限元法无论从理论上还是在实用技术上都趋于完善，已成为有效求解各种实际工程问题的方法之一。

从 1973 年河海大学和南京水利科学研究院开始把有限元法用于岩土工程的研究以来，有限元法在大坝围堰的高边坡受力及变形，模拟地基填土和开挖时周围应力场的变化及发生变形等方面显示了强大的生命力。近些年来，随着复合地基技术在地基处理领域的广泛应用，虽然对复合地基的研究已经积累了一些试验资料，但是理论分析方面却碰到了数学上的困难。有限元能较全面地反映复合地基中桩和桩间土的相互耦合作用及其非线性特性，并可考虑桩、桩间土和基础等不同介质的各种分布情况，在分析各种因素对复合地基力学性状的影响时具有较大的优越性。利用有限元法对复合地基力学性状进行分析研究，国内外许多学者已经做出了种种努力，并取得了相应的研究成果（详情见第 1 章有关部分内容），使得有限元法在复合地基理论研究方面发挥着重要作用。利用有限元法来模拟复合地基受力、变形状态，并作为复合地基设计施工的辅助工具具有很好的应用前景。

5.2 有限元分析内容及计算工况

带帽控沉疏桩复合地基力学性状（主要指复合地基的位移场和应力场）的影响因素很多，主要包括地基土体的性质、荷载水平及分布形式，同时影响因素还应包括与带帽桩有关的因素及其桩体和桩帽下土体、桩帽间土体的相互作用因素，诸如桩体的直径、桩帽的大小、桩中心间距及桩体的长度等。对于路堤下的带帽刚性疏桩复合地基，还应考虑路堤刚度（基础刚度）的影响。带帽单桩复合地基数值计算模型如图 5-1 所示。

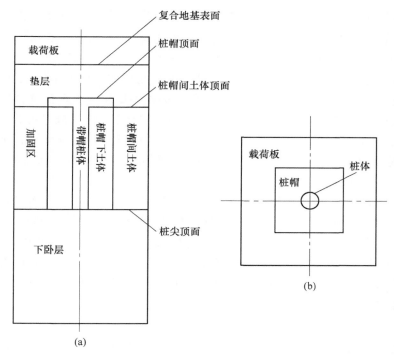

图 5-1 带帽单桩复合地基示意图
（a）主视图；（b）俯视图

5.2.1 有限元分析内容

（1）复合地基表面沉降（总沉降）；
（2）加固区顶面沉降（桩帽顶面沉降）；
（3）下卧层顶面沉降（桩尖顶面沉降）；
（4）加固区压缩量（数值上等于加固区顶面沉降与下卧层顶面沉降之差）；
（5）下卧层压缩量（数值上等于下卧层顶面沉降）；
（6）同一水平面上各点沉降相互关系；
（7）上、下刺入变形量；等沉面位置。

5.2.2 各种影响因素及其计算工况

对于带帽控沉疏桩复合地基，考虑了群桩效应是否明显，有无桩帽、垫层材料及厚度、桩长、桩体中心间距、桩帽大小、加固区和下卧层土体变形模量、基础刚度等因素对其位移场和应力场的影响。另外还根据试验实际加荷载情况进行了有限元模拟，并对工程试桩的力学性状进行了分析。

5.2.2.1　群桩效应的影响

根据建筑桩基技术规范规定，当桩体中心间距 B_1 大于（5~6）倍桩直径 D_p 时，群桩效应不明显，可按单桩进行计算。为此通过不同倍数（5 倍、6 倍、7.5 倍、10 倍）关系，对带帽单桩（1×1）、带帽双桩（1×2）、带帽四桩（2×2）复合地基的应力场和位移场进行有限元分析，并将它们的相应力学性状进行比较，分析相应误差是否在允许范围之内，以验证带帽 PTC 型刚性疏桩复合地基是否可以只取一个基本宽度进行计算。荷载形式为均匀分布的面荷载，荷载水平考虑单位面积上作用有 30kN、49kN、78.4kN 三种（分别相当于 1.5m、2.5m、4.0m 高的路堤重量），换算成应力则为 30kPa、49kPa、78.4kPa。总共有以下 36（=3×4×3）种工况：

$B_1 = 5.0D_p$：采用桩长 L_p 为 29m，桩径 D_p 为 40cm，桩体中心间距 B_1 为 2m；

$B_1 = 6.0D_p$：采用桩长 L_p 为 29m，桩径 D_p 为 40cm，桩体中心间距 B_1 为 2.4m；

$B_1 = 7.5D_p$：采用桩长 L_p 为 29m，桩径 D_p 为 40cm，桩体中心间距 B_1 为 3m；

$B_1 = 10D_p$：采用桩长 L_p 为 29m，桩径 D_p 为 40cm，桩体中心间距 B_1 为 4m。

各工况中：桩帽尺寸为 1.5m×1.5m×0.4m，碎石垫层厚度 130cm（当量相当于试验时所用厚度为 40cm 的加筋碎石垫层）。

5.2.2.2　有无桩帽的影响

采用桩长 L_p 为 29m，桩径 D_p 为 40cm，桩帽尺寸为 1.5m×1.5m×0.4m，桩体中心间距 B_1 为 3m，碎石垫层厚度 h_c 为 130cm，荷载形式为均匀分布的面荷载，荷载水平考虑单位面积上作用有 30kN、49kN、78.4kN 三种（分别相当于 1.5m、2.5m、4m 高的路堤重量），换算成应力则为 30kPa、49kPa、78.4kPa。考虑天然地基、无帽单桩复合地基、带帽单桩复合地基等三种情况，总共有 9（=3×3）种工况。

5.2.2.3　垫层材料和厚度的影响

采用带帽单桩复合地基模型，桩长 L_p 为 29m，桩径 D_p 为 40cm，桩帽尺寸为 1.5m×1.5m×0.4m，桩体中心间距 B_1 为 3.0m，荷载形式为均匀分布的面荷载，荷载水平考虑单位面积上作用有 30kN、49kN、78.4kN 三种（分别相当于 1.5m、2.5m、4.0m 高的路堤重量），换算成应力则为 30kPa、49kPa、78.4kPa。垫层考虑碎石材料和灰土材料两种，垫层厚度分别考虑垫层厚度 h_c = 100cm、130cm、140cm、170cm、190cm、210cm、230cm，总共有 24（=3×4+3×4）种工况。

5.2.2.4　桩体长度的影响

采用带帽单桩复合地基模型，桩径 D_p 为 40cm，桩帽尺寸为 1.5m×1.5m×

0.4m，桩体中心间距 B_1 为 3.0m，碎石垫层厚度 $h_c = 130$cm。荷载形式为均匀分布的面荷载，荷载水平考虑单位面积上作用有 30kN、49kN、78.4kN 三种（分别相当于 1.5m、2.5m、4.0m 高的路堤重量），换算成应力则为 30kPa、49kPa、78.4kPa。桩长选择以打穿软土可压缩层为原则，考虑桩长 L_p 分别为 10m、17m、20m、25m、27m、29m、35m、42m，总共有 24（= 3×8）种工况。

5.2.2.5　复合面置积换率的影响

（1）桩体中心间距的影响。采用带帽单桩复合地基模型，桩长 L_p 为 29m，桩径 D_p 为 40cm，桩帽尺寸为 1.5m×1.5m×0.4m。荷载形式为均匀分布的面荷载，荷载水平考虑单位面积上作用有 30kN、49kN、78.4kN 三种（分别相当于 1.5m、2.5m、4m 高的路堤重量），换算成应力则为 30kPa、49kPa、78.4kPa。考虑桩体中心间距 B_1 分别为 3.0m、3.5m、4.0m，按扩散角要求可分别确定相应碎石垫层厚度 h_c 为 130cm、170cm、210cm。总共有 9（= 3×3）种工况。

（2）桩帽大小的影响。采用单桩复合地基模型，桩长 L_p 为 29m，桩径 D_p 为 40cm，桩体中心间距 B_1 为 3.0m。荷载形式为均匀分布的面荷载，荷载水平考虑单位面积上作用有 30kN、49kN、78.4kN 三种（分别相当于 1.5m、2.5m、4.0m 高的路堤重量），换算成应力则为 30kPa、49kPa、78.4kPa。桩帽尺寸为 1m×1m×0.4m、1.5m×1.5m×0.4m、2m×2m×0.4m，按扩散角要求可分别确定相应碎石垫层厚度 h_c 为 170cm、130cm、80cm。总共有 9（= 3×3）种工况。

5.2.2.6　加固区和下卧层土体变形模量的影响

对摩擦桩复合地基与端承桩复合地基性状比较分析，二者通过改变形桩端土体的变形模量来实现，如 $E_{s2} > 10E_{s1}$ 时，可视为端承桩。E_{s1}、E_{s2} 分别为加固区和下卧层土体变形模量。

采用带帽单桩复合地基模型，桩长 L_p 为 20m，桩径 D_p 为 40cm，桩帽尺寸为 1.5m×1.5m×0.4m，桩体中心间距 B_1 为 3.0m，碎石垫层厚度 $h_c = 130$cm。荷载形式为均匀分布的面荷载，荷载水平考虑单位面积上作用有 30kN、49kN、78.4kN 三种（分别相当于 1.5m、2.5m、4.0m 高的路堤重量），换算成应力则为 30kPa、49kPa、78.4kPa。对于加固区和下卧层土体变形模量关系考虑以下 6 种情形：$E_{s2} = E_{s1}$、$E_{s2} = 2E_{s1}$、$E_{s2} = 3E_{s1}$、$E_{s2} = 5E_{s1}$、$E_{s2} = 7E_{s1}$、$E_{s2} = 10E_{s1}$，总共有 18（= 6×3）种工况。

5.2.2.7　基础刚度的影响

采用带帽单桩复合地基模型和无帽单桩复合地基模型两种，桩长 L_p 为 29m，桩径 D_p 为 40cm，桩帽尺寸为 1.5m×1.5m×0.4m，桩体中心间距 B_1 为 3.0m，碎石垫层厚度 $h_c = 130$cm。荷载形式为均匀分布的面荷载，荷载水平考虑单位面积上作用有 30kN、49kN、78.4kN 三种（分别相当于 1.5m、2.5m、4.0m 高的路堤重量），换算成应力则为 30kPa、49kPa、78.4kPa。基础刚度考虑以下 5 种情形：

$E=10$MPa、50MPa、100MPa、1000MPa、5000MPa，总共有 30 （ $=2\times3\times5$ ）种工况。

5.2.2.8 试验荷载水平的比较与验证

采用带帽单桩复合地基模型，桩长 L_p 为 29m，桩径 D_p 为 40cm，桩帽尺寸为 1.5m×1.5m×0.4m，桩体中心间距 B_1 为 3.0m，加筋碎石垫层厚度 $h_c=40$cm。考虑到试验是破坏性的，限于程序，对于极限荷载以后的各荷载水平未能模拟，因此只与加载水平在设计荷载以内的进行比较。同时荷载水平按填土高度分别为 1.5m、2m、2.5m、3m、3.5m、4m、4.5m、5m 进行来模拟，相应荷载水平为单位面积上作用 30kPa、39.2kPa、49kPa、58.8kPa、68.6kPa、78.4kPa、88.2kPa、98kPa 等 8 种均布荷载，总共有 8 种工况。

5.2.2.9 试桩力学性状

采用带帽单桩复合地基模型，桩长 L_p 为 29m，桩径 D_p 为 40cm，桩帽尺寸为 1.5m×1.5m×0.4m，桩体中心间距 B_1 为 3.0m，碎石垫层厚度 $h_c=130$cm。荷载形式为均匀分布的面荷载，荷载水平考虑单位面积上作用有 30kN、49kN、78.4kN 三种（分别相当于 1.5m、2.5m、4.0m 高的路堤重量），换算成应力则为 30kPa、49kPa、78.4kPa。

上述各工况中载荷板为钢筋混凝土（可视为刚性材料），其余参数（各种材料的弹性或变形模量、泊松比、土体的黏聚力和内摩擦角）参照地质资料与工程设计选取。各工况中的参数：桩长、桩径、桩间距、桩帽大小、垫层厚度、土体变形模量及基础刚度等参数的变化均通过给定单元的材料信息进行变换。

5.3 有限元计算模型的建立

根据前面所建立带帽单桩复合地基的桩土力学模型，载荷板、桩帽、桩体均视为线弹性模型，土体视为弹塑性模型（Drucker-Prager）或非线性弹性模型（Duncan-Chang），一方面考虑到 D-C 模型计算参数有 8 个，参数取值影响因素较多，难以确定合理的计算参数，而 D-P 模型所需参数较少，只有 4 个，参数的确定相对要简单得多；另一方面本章主要目的是研究带帽刚性疏桩复合地基力学性状的一般规律，同时 D-P 准则在岩土工程中的应用已为众多学者所采用，因此本章选用计算参数较少的 Drucker-Prager 模型。褥垫层采用弹塑性模型，编写相应计算分析子程序，加载过程可以按现场填土情况进行控制，每种荷载水平作用下一般分成 10~20 步进行加载模拟。带帽单桩复合地基计算模型与群桩法模型相比，计算工作量大为减少，节约计算费用，同时与平面应变法相比，精度可以得到保障。

5.3.1 材料本构模型

带帽 PTC 型刚性疏桩复合地基在设计荷载作用下，由于载荷板、PTC 桩和砼桩帽的刚度相对软土地基土体来说要大得多。因此可认为是处于线弹性体状态，而碎石褥垫层、桩周土体在加荷的初期可看成是线弹性变形。随着荷载的增加，土体出现屈服，进入弹塑性状态，变形除了弹性变形外尚有塑性变形，描述这种弹塑性状态用弹塑性本构模型比较合适。因此综合分析，确定载荷板、PTC 桩和混凝土桩帽采用弹性本构模型，碎石褥垫层、桩周土体采用弹塑性本构模型。弹性本构模型满足广义胡克定律，而弹塑性本构模型则要选择合适的屈服准则。

由于 Drucker-Prager 模型是最早提出的适用于岩土类材料的弹塑性本构模型，它最大的优点是采用简单的方法考虑静水压力对屈服与强度的影响，同时也考虑了岩土类材料的剪胀性和扩容性。虽然它没有考虑材料三轴拉、压强度及单纯的静水压力可以引起材料的屈服与破坏以及应力 Lode 角，但是该模型参数少而且计算也比较简单，在工程中得到广泛的应用，而且被证明在大多数情况下与实际情况符合得比较好，因此采用 Drucker-Prager 屈服准则。其屈服准则表达式为：

$$F = \sqrt{3J_2} + \sqrt{3}\alpha I_1 - \sigma_y \tag{5-1}$$

式中　　J_2——第二偏应力张量不变量，$J_2 = \dfrac{1}{6}\big[(\sigma_1 - \sigma_2)^2 + (\sigma_2 - \sigma_3)^2 +$

$(\sigma_3 - \sigma_1)^2\big]$；

　　　　I_1——第一应力张量不变量，$I_1 = \sigma_{ii} = \sigma_1 + \sigma_2 + \sigma_3$；

　　α，σ_y——与材料黏聚力 c 和内摩擦角 φ 有关的常数，其表达式为：

$$\alpha = \frac{\sin\varphi}{\sqrt{9 + 3\sin^2\varphi}}, \ \ \sigma_y = \frac{9c\cos\varphi}{\sqrt{9 + 3\sin^2\varphi}}$$

5.3.2 有限元计算模型网格

5.3.2.1 平面网格尺寸

根据有限元分析内容及各种计算工况，可以先画出带帽单桩复合地基即基本宽度的水平平面网格图。平面基本尺寸采用带帽单桩的处理面积（3×3m²），利用对称性，平面网格只要取带帽单桩复合地基处理面积的 1/4 就可以。不同工况平面网格会有相应变化，如图 5-2（a）所示。各种工况的计算模型选取的范围，均以带帽单桩复合地基平面网格为基础。

5.3.2.2 压缩层厚度的选取

首先是根据下列条件确定：

$$\Delta s'_n \leqslant 0.025 \sum_{i=1}^{n_2} \Delta s'_i$$

式中　　$\Delta s'_n$ ——在计算深度范围内，第 i 层土体的计算变形值；

　　　　$\Delta s'_i$ ——在计算深度向上取厚度 Δz 的土层计算变形值，Δz 的选取参见建筑地基基础设计规范（2002）；

　　　　n_2 ——加固区下卧层采用分层总和法计算时土层的分层数目。

　　其次，根据原路的稳定状况进行分析，当原高速公路未稳定仍继续发生压缩变形时，需要考虑原路堤荷载对压缩层厚度的影响。经计算并综合分析确定计算模型的深度统一为地面以下 65m，其中载荷板和碎石褥垫层的总厚度为 3m，二者各自厚度则由各工况具体确定。

5.3.2.3　计算模型网格的建立

　　单元格的划分按三维轴对称进行，为工况转换方便，上下单元格形状要一致。三维六面体网格是在平面网格的基础上，按一定的距离通过平行推移而得到，距离的大小则要考虑各土层厚度、载荷板的厚度、褥垫层的厚度及各工况桩长的要求等有关因素。带帽双桩复合地基的网格宽度为两个基本宽度，其三维六面体网格可以利用单桩三维网格对称而得到，也可以先由单桩平面网格对称得到双桩平面网格，再由双桩平面网格按相同的距离通过平行推移而得到双桩三维六面体网格，依次类推，如图 5-2（b）所示。

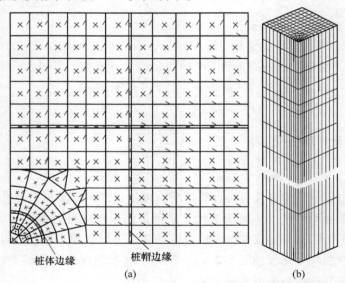

桩体边缘　　　桩帽边缘
(a)　　　　　　　　(b)

图 5-2　计算模型网格示意图

（a）平面网格；（b）三维网格

5.3.3 材料参数选择

对于弹性本构模型,程序中只要提供材料的弹性模量和泊松比,而弹塑性本构模型相对来说所要求提供的材料参数有弹性模量、泊松比、黏聚力和内摩擦角。根据沉降计算模型的分析,可把带帽单桩复合地基分成如下几部分:载荷板、碎石褥垫层、PTC 管桩和混凝土桩帽、桩帽下土体及桩帽间土体,对每一部分的材料参数的选择要合理,依据规范并参照地质资料和土工试验结果。桩周土体的材料参数要考虑静压桩的挤密作用,土体的压缩模量在沉桩后应有所提高,桩帽下土体的变形模量取值大致为桩帽间土体的变形模量的(1.5~2.0)倍,材料参数的确定考虑了以下几方面的因素:一是根据试验段的地质资料;二是通过查找有关规范;三是工程经验;最后综合上述各方面的因素,确定材料计算参数见表 5-1。

原则上材料参数的选取是以土工实验资料为基准,在一定范围内选择材料参数,对试桩区加载过程的数值模拟,要求所用材料参数应使得相应荷载作用下,有限元分析的结果与试验结果基本上一致,该工况下分析所用的材料参数可作为其他各工况分析时确定材料参数的依据。这个过程一般要反复进行多次试算,才能得到较为理想的材料参数。

表 5-1 材料参数取值范围表

材料\指标	载荷板(C30)	碎石	桩帽(C30)	PTC 桩(C60)	桩帽下土体				桩帽间土体			
					0~-12m	-12~-29m	-29~-42m	-42~-65m	0~-12m	-12~-29m	-29~-42m	-42~-65m
变形模量/MPa	30000	200	30000	60000	16.5~22	5.25~7	12.75~17	10.65~14	11	3.5	8.5	7.2
泊松比	0.167	0.2	0.167	0.167	0.25	0.35	0.35	0.25	0.25	0.35	0.35	0.25
黏聚力/kPa		0			48.1	13.7	52.0	23.52	48.1	13.7	52.0	23.52
内摩擦角/(°)		30			36.9	34.0	24.5	28.0	36.9	34.0	24.5	28.0

5.3.4 接触面处理

带帽 PTC 型刚性疏桩复合地基中,由于桩体与桩侧土体的材料性质相差很远,在一定的受力条件下,就有可能在其接触面上产生相对(错动)位移。因此,为了充分反映接触面上桩和土之间的相互作用等受力特性,在界面处设置接触面单元。过去分析桩土界面相互作用时，常采用下列两种理想化的假设：（1）当接触面十分粗糙时，记为无相对滑动；（2）当接触面十分光滑时，假定无剪力。显然，这两种假定不符合实际情况。

以前对于接触面的处理，一般采用接触面单元，如无厚度的 Goodman 接触摩擦单元、有厚度的 Desai 单元、殷宗泽提出的刚塑性薄层单元等。程序中可以通过定义接触体和接触表来描述物体间的接触关系。对于带帽 PTC 型刚性疏桩复合地基，可以把桩体、桩帽下土体均定义为变形体，并在接触表中定义接触体之间的摩擦系数、接触后分离所需的分离力、接触容差及可能的过盈配合值。两个接触体在受力变形后可能出现分离或嵌入，可以分离力及过盈配合值来控制。对于带帽 PTC 型刚性疏桩复合地基在受力变形后，桩体与桩侧土体之间既不应该出现分离也不应该发生嵌入现象，这时可以通过输入一个很大的分离力和一个很小的过盈配合值来控制，从而实现桩体与桩侧土体在接触面上只有相对滑移的模拟，桩体和桩侧土体之间的摩擦系数根据桩体、土体的性质来确定。同时根据第四章的带帽单桩复合地基模型，类似在桩帽边缘土体与土体之间也设置了相应的接触关系，桩帽下土体与桩帽间土体均定义为变形体，在其相应接触表中定义接触体之间的摩擦系数、接触后分离所需的分离力、接触容差及可能的过盈配合值。由于径向不发生位移，可以通过输入一个很大的分离力和一个很小的过盈配合值来控制土体之间的分离或嵌入，土体之间的摩擦系数由土体的性质或经验来确定。

单元剖分时，在桩身边缘、桩帽边缘各设置一薄层单元，侧摩阻力除了可以用上述方法求解外，还可以利用薄层单元两结点的相对位移与一常数 k 值的乘积来表示，k 为桩与土之间的刚度系数，可查相关资料或由经验来选取。考虑到问题的复杂性，本文拟采用后一种方法来间接表示桩侧摩阻力和复合桩侧摩阻力。

5.3.5　边界条件

边界条件也是根据试验区实际情况，合理确定。荷载作用于载荷板上，为考虑基础刚度的影响，把载荷板也作为一种材料。除模型顶面有荷载作用外，根据对称性，其他各面均给定结点位移约束，其中底面在 x、y、z 三向结点位移固定约束，前、后、左、右四面在 x、y 两方向上均按结点位移固定约束处理、而在 z 向上可以发生竖向位移。

5.4　成果分析

5.4.1　群桩效应分析

图 5-3~图 5-6 分别表示桩体中心间距为 5 倍、6 倍、7.5 倍和 10 倍桩径时，

带帽单桩复合地基、带帽双桩复合地基、带帽四桩复合地基的最大沉降量在不同荷载水平作用下的变化曲线，共有 36 种工况。由图可以看出：随着桩体中心间距为桩径倍数的增大，带帽单桩复合地基、带帽双桩复合地基、带帽四桩复合地基的最大沉降量差值愈来愈小，群桩效应愈加不明显。当桩体中心间距为 5 倍桩径时，三者之间最大沉降量数值上也相差不大，相对误差不到 8%，因此对于桩体中心间距大于 5 倍桩径时，群桩效应影响不明显，进行设计和沉降计算时可以按带帽单桩复合地基考虑。工程桩桩体中心间距已达 7.5 倍桩径，可按带帽单桩复合地基进行沉降计算和研究分析。各种工况的沉降量均呈现出随荷载水平增大，最大沉降量增大，与试验荷载沉降曲线结果相似。

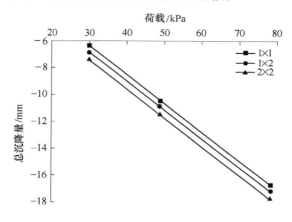

图 5-3　桩体中心间距为 5 倍桩径关系曲线

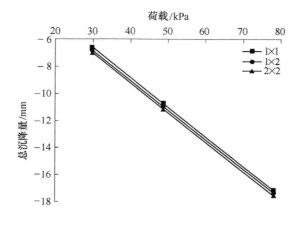

图 5-4　桩体中心间距为 6 倍桩径关系曲线

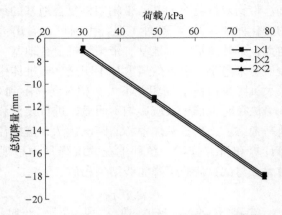

图 5-5　桩体中心间距为 7.5 倍桩径关系曲线

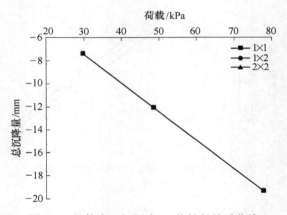

图 5-6　桩体中心间距为 10 倍桩径关系曲线

5.4.2　有、无桩帽的影响分析

考虑了天然地基、无帽单桩复合地基、有帽单桩复合地基在不同荷载水平作用下的最大沉降量，共有 9 种工况。各种桩型复合地基的最大沉降量与荷载水平的关系曲线如图 5-7 所示，有帽单桩复合地基与无帽单桩复合地基桩土应力比与荷载水平关系曲线如图 5-8 所示。三者之间，同一荷载水平作用下，天然地基的最大沉降量最大，有帽单桩复合地基的最大沉降量最小。有帽单桩复合地基的桩土应力比比无帽单桩复合地基桩土应力比要大许多，说明无帽单桩复合地基桩间土承担了较多的荷载，从而导致桩间土沉降量比有帽单桩复合地基桩帽间土体沉降量大。由图 5-7 可以看出这一点，比较有帽单桩复合地基、无帽单桩复合地基最大沉降量曲线与桩土应力比曲线，桩帽的作用还是比较明显的，有利于减小复

合地基总沉降，随着荷载水平增大，有帽单桩复合地基荷载沉降曲线斜率比其他两组曲线斜率要小，这说明桩帽减小复合地基最大沉降量的趋势更加明显。三者沉降量均呈现出随荷载水平增大，最大沉降量增大，与试验荷载沉降曲线结果相似。

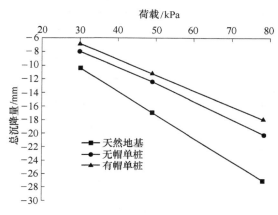

图 5-7　有、无桩帽荷载沉降关系曲线

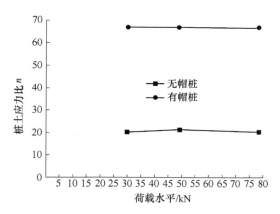

图 5-8　有、无桩帽桩土应力比曲线

5.4.3　垫层厚度及材料的影响分析

考虑不同荷载水平作用下的碎石垫层和灰土垫层两种垫层材料取不同厚度，共有 24 种工况。各工况的带帽单桩复合地基最大沉降量曲线，分别如图 5-9、图 5-10 所示。由图可以看出，同一垫层材料，随着垫层厚度的增大，复合地基最大沉降量也呈增大的趋势，这主要是因为垫层厚度增大，垫层刚度大，从而导致沉降量增大，但数值变化较小；不同垫层材料，随着垫层材料弹性模量的增大，复合地基最大沉降量增大，即采用灰土垫层比采用碎石垫层在复合地基最大沉降量数值上要大一些，但从经济方面考虑，采用灰土垫层比较合适。

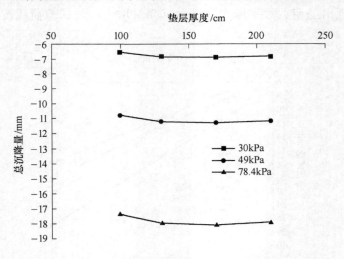

图 5-9 碎石垫层厚度与沉降关系曲线

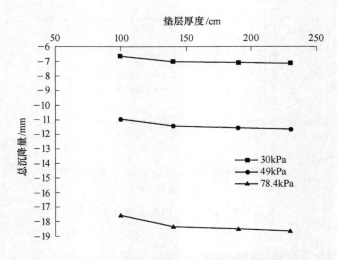

图 5-10 灰土垫层厚度与沉降关系曲线

5.4.4 桩长的影响分析

不同荷载水平作用下，桩长对带帽单桩复合地基最大沉降量的影响，分别考虑了 24 种工况。桩长对复合地基最大沉降量影响曲线如图 5-11 所示。随着桩长增大，复合地基最大沉降量减小，并且荷载水平愈大，桩长对最大沉降量的影响曲线的斜率增大，桩长减小复合地基最大沉降量的影响愈明显。因此对于深厚软土地基，在桩长选取上一般应使桩长穿透软土可压缩层，以满足控制地基最大沉降量的要求。

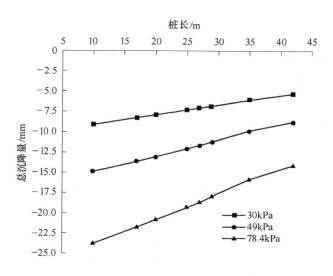

图 5-11　桩长对总沉降的影响曲线

5.4.5　复合面积置换率的影响分析

5.4.5.1　桩体中心间距的影响分析

桩体中心间距对带帽单桩复合地基最大沉降量的影响考虑了 9 种工况，桩体中心间距与复合地基最大沉降量关系曲线如图 5-12 所示。不同荷载水平作用时，随着桩体中心间距的增大，复合地基的最大沉降量呈增大趋势，桩帽间土体承担的荷载增大，从而使复合地基的最大沉降量增大。随着荷载水平增大，桩帽间土体分担的荷载也增大，复合地基的最大沉降增大。

5.4.5.2　桩帽大小的影响分析

桩帽尺寸对带帽单桩复合地基最大沉降量的影响，考虑了不同荷载水平作用下的 9 种工况，其关系曲线如图 5-13 所示。随着桩帽尺寸的增大，复合地基最大沉降量减小，这主要是因为桩帽尺寸的增大使得桩帽间土体承担的荷载减小的缘故。随着荷载水平增大，桩帽间土体分担的荷载也增大，复合地基的最大沉降增大。

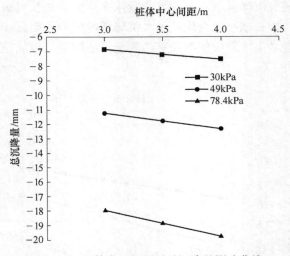

图 5-12　桩体中心间距对总沉降的影响曲线

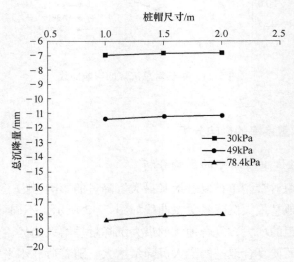

图 5-13　桩帽尺寸对总沉降的影响曲线

5.4.6　加固区和下卧层土体变形模量的影响分析

　　对于加固区和下卧层土体变形模量对带帽单桩复合地基最大沉降量的影响，分别考虑了不同荷载水平作用下，下卧层土体变形模量为加固区土体变形模量的 1 倍、2 倍、3 倍、5 倍、7 倍、10 倍等 18 种工况。土体变形模量比与复合地基最大沉降量关系曲线如图 5-14 所示。由图看出，随着土体变形模量比的增大，复合地基最大沉降量减小，但减小的趋势变缓，说明只要桩长到达下卧土层较加固区硬的土层，就可较好的控制地基沉降变形，一味地追求桩长到达很硬的土层实属没有必要。

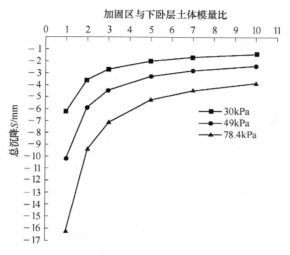

图 5-14　加固区与下卧层土体模量比对总沉降的影响曲线

5.4.7　基础刚度的影响分析

基础刚度对带帽单桩复合地基、无帽单桩复合地基的最大沉降量的影响，考虑了 30 种工况。基础刚度对复合地基最大沉降量的影响曲线分别如图 5-15、图 5-16 所示。由图可以看出，不同荷载水平作用下，随着基础刚度的增大，复合地基最大沉降量均减小，最后趋于一稳定值。这说明在基础刚度小的情况下，基础自身要产生一定的压缩变形，并且应力调节能力差，桩帽间土体或桩帽土体分担

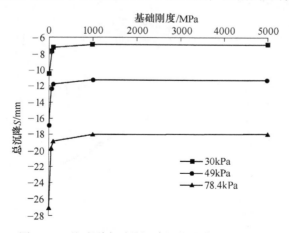

图 5-15　基础刚度对总沉降的影响曲线（有帽）

的荷载增大，从而导致复合地基最大沉降量过大。但一味的增大基础刚度也没有必要，基础调节复合地基沉降变形的能力也是有限的。

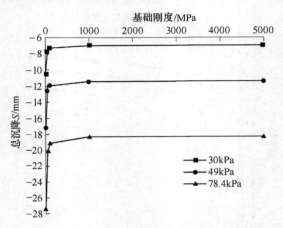

图 5-16　基础刚度对总沉降的影响曲线（无帽）

5.4.8　试验荷载水平的比较与分析

对试桩试验各荷载水平进行了有限元数值模拟，计算结果曲线如图 5-17 所示。由图可看出，在设计荷载水平作用下，有限元的计算结果与试验结果比较吻合，说明各计算参数选取还比较合适，其他各工况的计算参数均以此相同。同时也说明设计荷载水平下有限元的计算模型也能反映出比较真实的情况。但在此荷载水平之后，二者之间的差别愈来愈大，特别是在极限荷载水平以后，土体已进入破坏阶段，弹塑性模型反映不出此时土体的真实情况，因此极限荷载水平以后，有限元方法未能模拟。

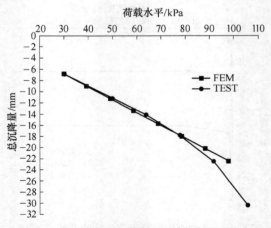

图 5-17　FEM 与试桩荷载沉降曲线比较

5.4.9 试桩力学性状分析

5.4.9.1 桩帽间土体沉降与桩体沉降

对不同深度（层面），按桩帽间土体沉降模式、桩体沉降模式进行试桩模型有限元模拟，沉降曲线如图 5-18、图 5-19 所示。对于按桩帽间土体沉降模式，可以看出复合地基沉降变形主要发生在加固区以内，下卧层的沉降变形几乎可以忽略不计，并有一定的压缩层厚度，可近似认为在 25m 左右，一般小于桩长。对

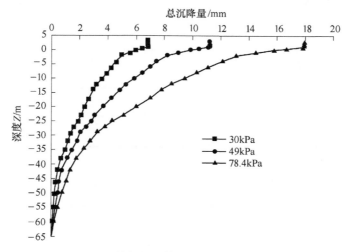

图 5-18 桩帽间土体沉降与深度关系曲线

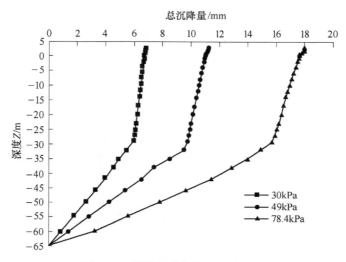

图 5-19 桩体沉降与深度关系曲线

于按桩体沉降模式，复合地基的沉降变形主要发生在桩尖以下的土体内，桩身范围内土体压缩变形很小，桩体本身有一定的压缩量，但主要起传递荷载的作用。比较两种沉降模式，可以发现，在设计荷载水平作用下复合地基最大沉降量比较接近。这与第三章的计算结果相似。

5.4.9.2 同一水平面同轴线各点沉降相互关系

在一定的荷载水平作用下，带帽单桩复合地基不同水平面同轴线上各点沉降相互关系曲线，如图 5-20~图 5-27 所示。

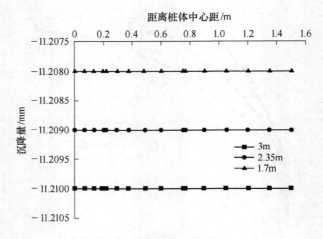

图 5-20 载荷板各层面沉降

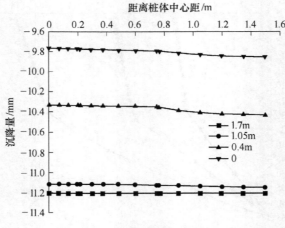

图 5-21 垫层各层面沉降

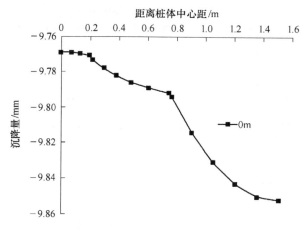

图 5-22 桩顶水平面各点沉降

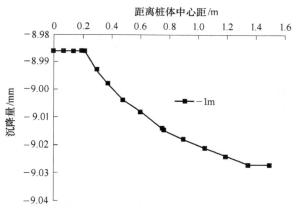

图 5-23 —1m 水平面各点沉降

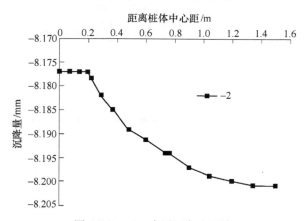

图 5-24 —2m 水平面各点沉降

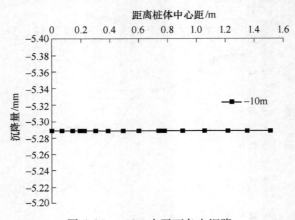

图 5-25   −10m 水平面各点沉降

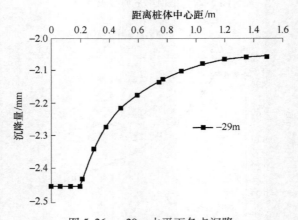

图 5-26   −29m 水平面各点沉降

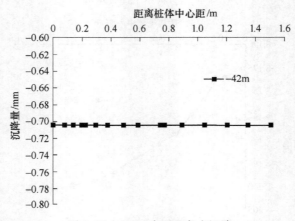

图 5-27   −42m 水平面各点沉降

由各图可以看出，钢筋混凝土载荷板各层面同轴线上各点的沉降基本上是发生等量沉降变形的，但其自身有一定的压缩变形量，数值很小。垫层的各层面同轴线上各点的沉降基本上也是发生等量变形的，说明垫层的整体效应比较好，但在靠近桩帽顶水平面附近，各点沉降还是有些相差，但数值上较小。垫层有一定的压缩量，因此在垫层材料的选取上应保证垫层材料有一定的刚度，以减小垫层自身的压缩变形量。由图 5-21 可以看出，桩帽起到了刚性板的作用，桩帽下土体的沉降量与桩帽间土体的沉降量不完全一致，二者分别考虑比较合适，这为第四章所建立的复合桩体模型、带帽单桩复合地基模型提供了理论依据。

图 5-22~图 5-24 反映了桩顶水平面（0m）、桩顶下-1m、-2m 水平面同轴线上各点沉降之间的关系。从图可以看出，同一水平面桩帽间土体的沉降量比同轴线上桩体、桩帽下土体的沉降量要大，说明桩体存在着上刺入变形现象。同时桩帽下土体的沉降量与桩体的沉降量相比也不完全相等，但两者之间的差别很小，可近似认为桩体和桩帽下土体竖向沉降量是相等的，这为建立复合桩体模型所提供的理论依据。随着深度的增大，桩帽间土体、桩帽下土体、桩体在同轴线上相应各点相互间的沉降量差值逐渐减小，并趋近于常数。

通过对同一荷载水平作用下，各工况中桩帽间土体、桩帽下土体、桩体同轴线上各点沉降量的统计，在桩顶下 10m 左右的水平面上，桩帽间土体、桩帽下土体、桩体同轴线上各点的沉降量基本上相等，说明在-10m 左右的水平面可看成其是等沉面，如图 5-25 所示。等沉面的位置一般与桩长、荷载水平等因素有关，对于带帽刚性疏桩复合地基，其等沉面的位置一般在桩顶下 0.3 倍桩长左右的水平面上。

如图 5-26 所示，在等沉面以下，随着深度的增加，同轴线上桩帽间土体、桩帽下土体、桩体相应各点沉降量又呈现出不相等情形，桩体沉降量比桩帽间土体要大，这说明带帽刚性疏桩复合地基中存在桩体向下刺入下卧土层的现象，但随着深度的增加，土体又表现出等量沉降的现象，如图 5-27 所示。

5.4.9.3 各层压缩量之间的关系

将带帽单桩复合地基整个计算模型分成四层：载荷板、垫层、桩身范围内加固区及加固区下卧层，其深度相应为 3~1.7m、1.7~0m、0~-29m、-29~-65m。各层桩帽间土体的压缩量与荷载水平关系曲线如图 5-28 所示。由图可以看出，桩身范围内加固区压缩量最为明显，其次是垫层压缩量。而对于载荷板压缩量和下卧层土体的压缩量可以忽略不计，这里再一次说明了采用桩帽间土体计算复合地基的沉降量是可行的，并且有一定压缩层厚度，通常小于桩长，究竟取何值比较合适，应进行深一步的研究。

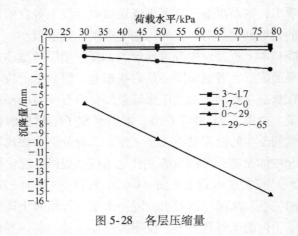

图 5-28   各层压缩量

5.5   路堤下带帽刚性疏桩复合地基力学性状平面有限元分析

对于带帽控沉疏桩复合地基中桩土相互作用等力学性状，一般需要采用三维有限元的计算方法。但在桩的数量较多的情况下，单元自由度数目庞大，对计算机配置要求高，计算工作量大为增加，并且有时难以得到合理结果。因此，对带帽刚性疏桩复合地基群桩作用下的空间问题，取试验段 K33+353 断面作为研究对象，采用二维平面有限元计算进行简化处理，在桩身与土体之间、桩帽边缘处土与土之间均设置等厚度的德赛单元，结合试验段工程实际填土施工过程进行平面有限元分析。

5.5.1   分析内容

主要分析以下几方面的内容：

（1）各级填土荷载作用下复合地基表面沉降、桩端平面沉降；

（2）各级填土荷载作用下路堤中心竖向位移；

（3）各级填土荷载作用下路堤坡角处侧向位移。

5.5.2   有限元计算模型的建立

根据试验段路堤的对称性，计算是取整个路堤宽度的一半进行计算，计算区域为深度 65m，路堤高 5.5m（其中，面层 0.2m，基层 0.4m，底基层 0.4m，95区 0.8m，上路床 1.2m，下路床 1.0m，垫层 1.5m），宽 86m（其中，路面宽17.5m，路基底宽 28.5m）。设路堤中心地表面为坐标原点，坐标向上、向右为正，向下、向左为负，平面网格如图 5-29 所示。

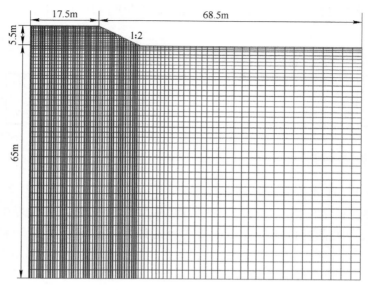

图 5-29 K33+353 断面平面网格图

5.5.3 材料本构模型的选择

地基土体、灰土垫层、填土等材料采用 Drucker-Prager 弹塑性本构模型，桩体、桩帽及结构层（包括面层、基层和底基层）均采用线弹性体。

5.5.4 边界条件的确定

边界条件包括位移条件和荷载水平条件。对于位移条件，下边界取垂直向和水平向双向约束，左右边界取水平约束，上边界无约束。荷载水平条件按路堤实际填土过程进行加载，仅考虑填土的自重以及结构层的自重。

5.5.5 计算参数

为了研究带帽控沉疏桩复合地基在路堤荷载作用下的变形规律，在试验段选取 k33+353 断面进行平面有限元分析计算。将该断面软土地基按静力触探曲线大致分为 4 层（$0 \sim -12m$、$-12 \sim -29m$、$-29 \sim -42m$、$-42 \sim -65m$），各土层材料参数选取见表 5-1，填土和灰土垫层容重为 $1.96t/m^3$，桩侧土体与桩帽边缘土体之间的等厚度接触单元计算参数与该土层的计算参数相同，填土和垫层材料参数参照地基土层（$0 \sim -12m$）的计算参数并考虑工程经验加以综合确定，桩体和桩帽的计算参见表 5-1，路堤结构层采用混凝土的计算参数（容重 $\gamma = 3.5t/m^3$，弹性

模量 $E = 3.5 \times 10^7 \text{kPa}$，泊松比 $\mu = 0.167$）。荷载等级与路堤填土高度对应关系见表 5-2。

表 5-2　荷载等级与路提填土高度对应关系

荷载等级	1	2	3	4	5	6	7	8	9	10	11	12	13
路提高度/m	0.5	1.0	1.5	2.0	2.5	2.9	3.3	3.7	4.1	4.5	4.9	5.3	5.5

5.5.6　计算结果与分析

5.5.6.1　计算结果

各级填土荷载作用下复合地基表面沉降、桩端平面沉降、路堤中心竖向位移、路堤坡角处侧向位移等各项分析内容的计算结果分别如图 5-30 ~ 图 5-39 所示。

5.5.6.2　计算结果分析

A　带帽桩复合地基纵断面沉降变形特征

不同填土荷载水平作用下带帽桩复合地基纵断面沉降变形特征，如图 5-30、图 5-31 所示，图中显示，随着填土荷载的增大，路基全断面沉降呈现出增大的现象。同一级填土荷载作用下，在路基中心线处，复合地基表面沉降达到了最大值。随着距路堤中心距离加大，地基表面沉降逐渐减小，在距路基中心线约 70m 处，地基表面沉降量为零。在距路基中心线 70m 以外区域，地基表面产生少量的

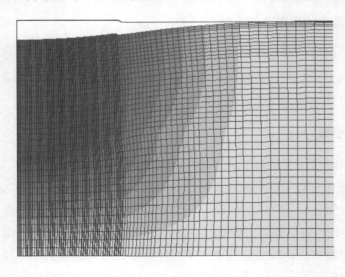

图 5-30　第一级荷载下复合地基表面沉降曲线（放大 154.3 倍）

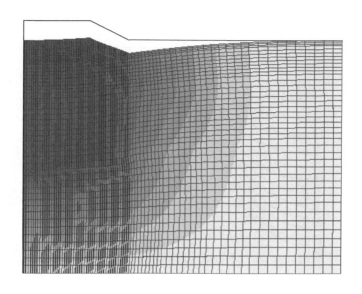

图 5-31　总荷载下复合地基表面沉降曲线（放大 16.75 倍）

隆起，即计算边缘处地表土体有所上抬，但数量上很小，不到 2mm，整个地基表面沉降曲线呈倒钟型分布。同一荷载水平作用下，随着深度的增大，不同深度上土体的沉降量逐渐减小，沉降量主要发生在加固区范围内。

　　B　带帽桩复合地基地表面沉降变形特征

　　不同填土荷载水平作用下复合地基地表面沉降变形特征，如图 5-32、图 5-33 所示，图中显示，随着填土荷载的增大，复合地基地表面的沉降量逐渐增大。同一荷载水平作用下，随着距堤中心距离加大，地基表面沉降逐渐减小，在距路基中心线约 70m 处，地基表面沉降量为零。在距路基中心线 70m 以外区域，地基表面产生少量的隆起，即计算边缘处地表土体有所上抬，但数量上很小，不到 2mm，整个地基表面沉降曲线呈倒钟型分布。图 5-33 为路堤范围内复合地基地表面沉降的局部放大图，带帽桩复合地基在地表面位置，桩顶的沉降量与桩帽间土体的沉降量不相等，桩体的沉降量小于桩帽间土体的沉降量，两者之间的差值随着填土荷载的增大而逐渐增大，即荷载水平越大，桩体上刺现象越明显，这种现象与观测到的试验结果相似。路堤下地基表面呈现波浪状沉降曲线，桩帽顶向上刺入灰土垫层中，因此应使灰土垫层有足够的刚度和厚度，以保证灰土垫层的整体性，按扩散角的要求确定灰土厚度可以满足这一点。

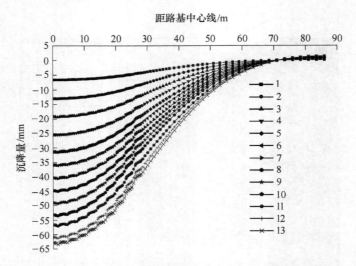

图 5-32　各荷载水平下复合地基地表面沉降曲线（全图）

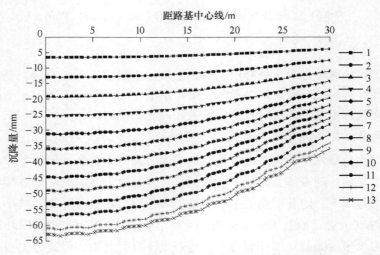

图 5-33　各荷载水平下复合地基地表面沉降曲线（局部）

C　带帽桩复合地基桩端平面沉降变形特征

不同填土荷载水平作用下复合地基桩端平面处沉降变形特征，如图 5-34、图 5-35 所示，图中显示，随着填土荷载的增大，复合地基桩端平面处的沉降量逐渐增大。同一荷载水平作用下，随着距路堤中心距离加大，桩端平面沉降逐渐减小，在距路基中心线约 68m 处，地基土体沉降量为零。在距路基中心线 70m 以外区域，地基土体产生少量的隆起，即计算边缘桩端处地基土体有所上抬，但数量上很小，不到 2mm，整个地基沉降曲线呈倒钟型。图 5-35 为路堤范围内复合地基桩端平面处沉降的局部放大图，带帽桩复合地基在桩端平面位置，桩体的沉降量与桩帽间土体的沉降量不相等，桩体的沉降量大于桩帽间土体的沉降量，两者之间的差值随着填土荷载的增大而逐渐增大，即荷载水平越大，桩体下刺现象越明显，这说明带帽桩复合地基存在桩体下刺现象，有利于发挥侧摩阻力。路堤下桩端平面处地基呈现波浪状沉降曲线，荷载越大，距离路堤中心越近，沉降曲线波浪状越明显。

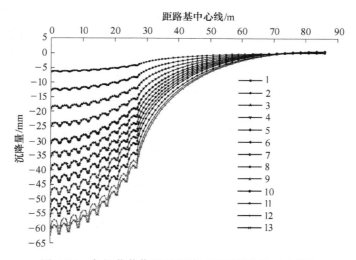

图 5-34　各级荷载作用下桩端平面沉降曲线（全图）

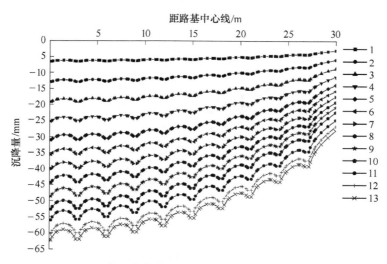

图 5-35　各级荷载作用下桩端平面沉降曲线（局部）

　　根据不同填土荷载作用下带帽桩复合地基地表面和桩端平面处沉降的变形特征可知，复合桩体存在上、下刺入变形现象，因此在加固区内必存在桩体沉降量和桩帽间土体沉降量相等的等沉面，这为第四章所提出的沉降计算模型提供了理论依据。

　　D　带帽桩复合地基各处竖向位移变形特征

　　不同填土荷载水平作用下竖向位移变形特征，如图 5-36、图 5-37 所示，图中显示，随着填土荷载水平的增大（即加载等级增大），路堤高度增大，路堤中心（0m）、路肩（17.5m）及路堤坡角（28.5m）处的竖向位移沉降量逐渐增大，三者中属路堤中心的竖向位移量最大。随着距路堤中心的距离加大，竖向位移量逐渐减小。

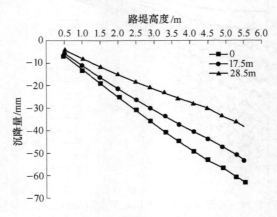

图 5-36　不同荷载作用下竖向位移曲线

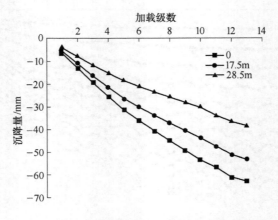

图 5-37　各级荷载作用下竖向位移曲线

E　带帽桩复合地基侧向位移变形特征

不同填土荷载水平作用下路堤坡角处侧向位移变形特征，如图 5-38、图 5-39 所示，图中显示，随着填土荷载水平的增大（即加载等级增大），路堤高度增大，路堤坡角处地基表面的侧向位移量逐渐增大。并且随着填土荷载水平的增大，侧向位移变形速率呈现出递减的趋势，变形稳定较快，这说明复合地基可以增强软土地基的稳定性。在同一填土荷载水平作用下，随着深度的加大，土体的侧向位移量逐渐减小，桩端以下土体的侧向位移量已经很小，即复合地基深部的侧向位移变形量比浅部的侧向位移量要小得多。侧向位移的计算结果比试验观测到的结果要大，分析原因可能是参数选取上存在一定的误差，但侧向位移量的变化规律还是可以反映，说明模型上选择还是合理的。

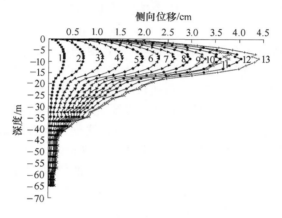

图 5-38　各级荷载作用下侧向位移曲线

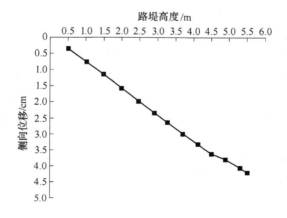

图 5-39　各级荷载作用下路基最大侧向位移曲线

5.6　本章小节

（1）对带帽单桩、带帽双桩、带帽四桩复合地基的位移场进行数值模拟，对于桩体中心间距是桩径 6 倍以上时，群桩效应不明显，工程群桩（桩体中心间距是桩径 7.5 倍）沉降计算可以采用带帽单桩复合地基沉降计算模型。通过对试桩荷载沉降的数值模拟，有限元结果与试验结果比较相近，由此确定各种材料参数，作为其他各工况计算时选用的依据。

（2）对于有无桩帽、垫层材料及厚度、桩体长度、桩体中心间距、桩帽大小、加固区和下卧层土体变形模量比、基础刚度等各因素进行了有限元分析，所得结果能够反映带帽单桩复合地基的沉降变形一般规律，可用于指导设计与生产。

（3）通过有限元分析，可知带帽单桩复合地基沉降计算可以按桩帽间土体沉降模式进行计算，荷载作用于桩帽间土体上有一定的影响深度，影响深度数值上与荷载水平、桩长等因素有关，但通常小于桩长。按桩帽间土体模式计算沉降变形，桩身范围的土体压缩量是应作为主要研究对象。

（4）同一级填土荷载作用下，在路基中心线处，复合地基表面沉降达到了最大值。随着距路堤中心距离加大，地基表面沉降逐渐减小，计算边缘处地表土体有所上抬，但数量上很小，整个地基表面沉降曲线呈倒钟型。随着深度的增大，不同深度上土体的沉降量逐渐减小，沉降量主要发生在加固区范围内。

（5）对带帽单桩复合地基的位移场进行了较为全面数值分析和研究，带帽刚性疏桩复合地基存在桩体上、下刺入变形现象，在一定深度位置处，存在桩体、桩帽下土体及桩帽间土体竖向沉降量近似相等的等沉面；同时通过采用平面有限法对路堤下带帽控沉疏桩复合地基位移场的分析，也得到了桩帽顶（桩体）与桩帽间土体沉降量不等，桩帽间土体的沉降量大于桩帽顶的沉降量，桩帽顶向上刺入灰土垫层中。因此应使灰土垫层有足够的刚度和厚度，以保证灰土垫层的整体性，按扩散角的要求确定灰土厚度可以满足这一点。另外，在桩端平面处桩体的沉降量又大于桩帽间土体的沉降量，桩体向下刺入下卧层土体中。桩体的这种上、下刺入现象为建立带帽单桩复合地基复合桩土应力比推导的计算模型提供了理论依据。

（6）侧向位移随着离开路堤中心的距离越远，侧向位移越大，一般侧向位移在路堤边坡底处最大，同时侧向位移量随着路堤高度增加而增大，侧向位移随着深度的增加逐渐减小，桩端以下几乎没有侧向位移。

6 带帽 PTC 型刚性疏桩复合 地基优化设计

本章分析 PTC 管桩在高速公路深厚软基处理中的适应性，探讨了 PTC 型控沉疏桩复合地基设计的基本步骤、基本内容及初步设计的一般方法，设计时主要是需合理确定桩长、桩体中心间距、桩帽尺寸及垫层厚度等各种设计尺寸，给出了带帽单桩复合地基上述尺寸确定的一般方法，对工程设计有一定的指导作用。通过试桩试验的成果分析、复合桩土应力比的分析、带帽单桩复合地基荷载传递规律分析、带帽单桩复合地基力学性状的有限元分析以及建筑桩基技术规范，可以采用控制桩帽间土体的沉降量来进行带帽单桩复合地基的设计，并由此提出带帽单桩复合地基的优化设计的思路和方法。

6.1 PTC 管桩在高速公路软基处理中的适应性研究

随着地基处理技术的发展，复合地基技术在高等级公路深厚软土地基处理中的应用越来越多。由于刚性桩在成桩质量、处理深度、处理效果等方面均比散体桩、柔性桩等桩型具有优势，因此刚性桩复合地基逐渐在公路软基处理中得到应用，且应用的趋势日益增强。先前刚性桩复合地基主要是以 CFG 桩为代表，而 PTC 管桩作为一种桩体强度高的预应力混凝土桩，其功效在建筑工程桩基中已得到了肯定。大量工程实践证明，预应力 PTC 管桩具有如下特点：可工厂化生产，成桩质量可靠；耐久性好，单桩承载力高，单位承载力价格便宜；设计选用范围广，易布桩，对桩端持力层起伏变化大的地质条件和不同沉桩工艺适应性强；运输起吊方便，施工前期准备时间短，施工速度快、工期短，施工现场简洁文明；桩身耐打性好，穿透能力强；施工监理、成桩质量监测方便。目前该桩型已在国内经济发达的沿海地区普遍推广应用，在许多地区正取代各种传统桩型而成为主导桩型，受到越来越多的设计人员的欢迎。但把 PTC 管桩用于高等级公路深厚软土地基处理中，目前国内外还鲜有报道。由于预应力 PTC 管桩在成桩质量、处理深度、处理效果等方面均比其他桩型具有优势，摩擦型 PTC 管桩能够有效控制地基沉降，满足高速公路工后沉降量的控制标准，因此 PTC 管桩复合地基逐渐在公路深厚软基处理中得到应用，且应用的趋势日益增强。但是 PTC 管桩属刚性桩，其刚度较土体大得多，同时由于路堤荷载的特点，容易造成桩体刺入路堤，引起路堤表面沉降不均匀，因此这种缺陷又影响着刚性桩在高速公路深厚软基处理中的应用。为克服刚性桩容易产生上刺现象，在桩顶配置桩帽，增大桩体与垫层的接触面积，因此桩帽可起到均化桩顶应力、有效减小桩顶刺入量的作用。文献［107］指出高速公路深厚软基处理工程中采用带帽 PTC 型刚性疏桩复合地基形式比湿喷桩复合地基形式要节省工程造价。

　　带帽控沉疏桩复合地基广泛应用于堤坝地基、高速公路路基、沿海围堤、港口工程堆场、机场场道等软基处理工程中。

6.2　复合地基两种设计思路

6.2.1　承载力控制设计

　　按承载力控制设计的思路是先满足地基承载力要求，再验算沉降是否满足要求。如果沉降不能满足要求，则考虑提高地基承载力，然后再验算沉降是否满足要求。如沉降还不能满足要求，再提高地基承载力，再验算沉降是否满足要求，直至两者均能满足要求为止。对沉降量验算结果只要求计算值满足小于某一数值，而不管其量值的大小。这是一种常规的设计思路，如端承桩桩基础的设计、浅基础的设计、复合地基的设计。

6.2.2　沉降控制设计

　　按沉降控制设计思路是先按沉降控制要求进行设计，然后验算地基承载力是否满足要求。按沉降控制设计就是指一种以控制地基的沉降量为原则、让桩间土体主动承载、发挥桩土共同作用的设计方法[108,109]。其核心就是基础能否正常工作，主要是让地基实际沉降量小于允许沉降量，对桩体的承载力没有严格要求，只要单桩荷载小于单桩极限承载力即可，校核地基的整体承载力。在沉降满足要求的条件下，地基承载力一般情况大部分能满足要求。如承载力不能满足要求，适当增加复合地基置换率（减小桩间距）或增加桩体长度，使承载力也满足要求即可。如摩擦型刚性桩复合地基的设计通常是按控制沉降设计的，还有一些大间距的疏桩基础，控沉疏桩基础、复合桩基础等均是按控制地基沉降变形来进行设计的。

6.3　带帽 PTC 型刚性疏桩复合地基优化设计

　　对于带帽 PTC 管桩复合地基的初步设计是按承载力控制进行设计，再根据初步设计的结果按控制桩帽间土体沉降量来进行优化设计。

6.3.1　沉降控制设计理论

控沉疏桩基础的设计目的在于当浅层地基承载力基本能够满足建筑物荷载要求，而地基深层土体为高压缩性软土，在建筑物荷载作用下的地基变形将导致建筑物产生过大的沉降量，而设置适当数量的桩来控制和减少建筑物的沉降量。在控沉疏桩基础中，桩的作用仅仅是为了减少建筑物的沉降量，浅层地基土的承载力已经能够满足建筑物的稳定性要求，因而并不需要依靠桩来增加基础的总承载力。同时设计应考虑桩受荷后使土对桩的抗力达到极限值，允许桩产生一定的刺入破坏，使承台底面的基底压力能够充分发挥，而不应再考虑给土对桩的抗力留有一定的安全裕度，这样才能充分合理地运用少量的桩，既控制了建筑物的沉降，又充分发挥了天然地基的承载力。因此所谓按沉降控制设计就是指一种以控制地基的沉降量为原则、让桩间土体主动承载、发挥桩土共同作用的设计方法。其核心就是基础能否正常工作，主要是让地基实际沉降量小于允许沉降量，对桩体的承载力没有严格要求，只要单桩荷载小于单桩极限承载力即可，校核地基的整体承载力。按照这种设计方法，根据不同的容许沉降量要求，与常规设计相比，用桩量应有不同幅度的减少，在保证沉降量满足设计要求的前提下，工程造价更为经济。复合地基控制沉降，其基本原理是：通过桩对上部结构荷载的传递，来改变土体中的应力分布，减小上部较软弱土层中的附加应力，并将其传递至较深土层。桩长的大小直接影响荷载的传递，影响土中的附加应力分布。对于刚性桩复合地基来说，桩端持力层一般为相对硬质土，其压缩模量较大，通过刚性桩体将应力转移到硬质土层上，产生的地基沉降可大大减小；对于柔性桩复合地基来说，它主要能够使应力扩散于桩身范围内及桩端持力层等各土层中，由各个土层共同承担上部荷载，减少局部软弱土层中的附加应力，从而达到减少地基沉降的目的。总之，控制沉降本身就意味着改变土层中的附加应力。但究竟采用何种桩型的复合地基形式，以及什么样的桩长，才能经济而有效达到这一目的，这是当前岩土工程界普遍关心的问题。因此控制沉降疏桩复合地基是一种设计以控制地基沉降量为目的、疏化桩间距的刚性桩复合地基，简称控沉疏桩复合地基，既可以最大限度地发挥桩体的承载力作用，达到控制沉降的目的，又可以充分发挥桩间土的天然承载力，达到减少和疏化桩基的目的。这种复合地基是利用桩体来控制地基沉降，桩体属摩擦桩型，一般是采用刚性桩如混凝土桩、预制桩等形式。

本文所讲的控沉疏桩复合地基设计有两层含义，除了上述一般概念上的控制复合地基沉降量的含义外，更主要是指控制桩帽间土体的沉降量，设计时应使桩帽间土体的沉降量在高速公路工后沉降量的控制标准范围内。控制桩间土沉降量在高速公路工后沉降量要求范围之内，可采取两种处理措施：一是可以通过调整桩体中心距和桩帽尺寸来调节桩帽间土体分担的荷载,以达到控制桩帽间土体沉降量的目的,并满足高速公路工后沉降量的桥头控制标准;二是可以在路基填土过程中通过延长预压时间或进行超载预压处理使之满足工后沉降量的控制标准。

6.3.2　带帽 PTC 型刚性疏桩复合地基设计步骤与设计内容

6.3.2.1　设计时考虑的因素

进行带帽 PTC 型刚性疏桩复合地基设计之前,一般应考虑以下几方面因素:

(1) 桩长一般应穿透可压缩软土层。

(2) 桩尖一般坐落在土质较好的土层上。

(3) 当桩体中心间距大于 5~6 倍桩径时,可按带帽单桩复合地基进行设计和计算。

(4) 应充分利用桩帽间土体的承载能力,使桩帽间土体的沉降量满足工后沉降量设计要求。

(5) 应在桩顶配置桩帽,以改善桩顶位置应力集中现象,并减小桩体和桩帽间土体的差异沉降量。

(6) 根据试桩试验成果分析及理论分析所得到带帽控沉疏桩复合地基变形规律是:桩体沉降与桩间土沉降一般不相等,数值上桩间土的沉降大于桩体沉降,并且桩间土在荷载作用下有一定的影响深度,该影响深度一般小于桩长。

(7) 地基沉降量的估算方法:常用的估算方法有复合地基沉降模式、桩间土沉降模式、桩基沉降计算简化模式等三种,其中以桩间土沉降模式最为简单。采用桩间土沉降计算模式,首先可以利用第四章所推导的复合桩土应力比来确定桩间土承担的荷载,再按分层总和法计算桩长范围内的沉降量,并以此来估算控沉疏桩复合地基的沉降量。

6.3.2.2　设计的基本步骤

带帽 PTC 型刚性疏桩复合地基设计时,可以按以下步骤进行:

(1) 初步设计依据的确定。主要是根据工程地质报告所提供的土层地质参数和土体的静力触探曲线综合确定设计所需的各种参数。

(2) 初拟设计尺寸。根据土层地质参数,计算复合地基承载力,估算单桩复合地基沉降变形量,初步拟定设计尺寸,包括桩型的选择、桩长、桩体中心间距、桩帽尺寸、垫层材料与厚度。

(3) 对上述初步拟定的设计尺寸进行复核,并对其合理性和可行性进行分析研究。

(4) 通过试桩核定设计参数,优化上述尺寸,并计算复合地基总沉降量和工后沉降量。

(5) 校核复合地基总沉降量和工后沉降量的计算值是否满足工后沉降量的

设计要求。若不满足要求，应重新设计，直至设计的计算结果满足要求为止。

6.3.2.3 设计的基本内容

按控制沉降理论进行复合地基的设计，主要有以下几方面的内容：

（1）桩型的选择和布桩形式的选择；

（2）桩长、桩体中心间距、桩帽尺寸、垫层材料与厚度等设计；

（3）复合地基沉降变形量计算、承载力验算和校核。

6.3.3 带帽 PTC 型管桩桩复合地基的初步设计

采用预应力空心薄壁管桩进行高速公路深厚软土地基的处理，能有效地降低地基压力，控制地基的总沉降量和工后沉降量。管桩的设计需解决三个方面的主要问题：一是合理的桩长；二是垫层的设计；三是合理的桩体中心间距和桩帽的设计。

6.3.3.1 桩型的选择

预应力管桩作为一种刚性桩，与桩周围土体一起组成复合地基，桩土共同工作。当桩数较多时，可只在基础平面内布桩，但周围建筑物对其有影响时，在基础外侧应设隔离桩，复合单桩可分为摩擦型和端承型两类，由于高速公路的荷载一般较小，软基埋深大，因此主要采用摩擦型设计。具体确定方法如下：

A　布桩形式的选择

布桩可采用正方形或等边三角形布置，采用正方形布置，桩的受力分配简单明确，布置方便，且便于桩帽的施工，同时较正三角形布置具有节省造价的优点，相同面积下节省造价约 10%左右，因此布桩设计应首选正方形布桩方案。

B　桩型号的确定

从地质条件看，软土埋深大，强度低，同时路堤荷载小，对于摩擦型桩，由于高速公路的路堤荷载一般较小，桩体可采用强度较低的 PTC 型先张法预应力薄壁管桩。

C　桩长初定

控沉疏桩加固软弱土层所形成的复合地基，其桩长应满足建筑物对基础承载力和变形要求并结合地基地层情况合理选用。原则上桩体应穿透软弱土层达到强度相对较高的土层。若兼作提高抗滑稳定工程的控沉疏桩基础，其桩长还应满足达到危险滑弧面以下 1m 的深度。对于间夹硬土存在双层以上的软土层，桩体应穿过部分软土层，若能满足稳定和变形要求者，也可不打穿软土。

D　桩径的确定方法

桩径应考虑细长比要求，可按两个标准：$D/L = 1/100$ 和 $D/L = 1/80$ 来控制，一般 D/L 不得小于 1/100，前者适用于穿越硬土层较深的软土层，可选用 PTC 或

PC 型桩，后者适用于硬土层较厚的情况，可选用 PHC 型桩并加桩楔。在高速公路软土地基的路堤填土工程中由于荷载较小，桩径一般取 30~40cm，壁厚可取 6~7cm。

6.3.3.2　褥垫层的设计

在疏桩复合地基上设置垫层，可以有效地改善复合地基的整体工作性状，提高复合地基的承载力，减小复合地基沉降量。在刚性桩复合地基中，由于桩土刚度相差较大，因此垫层应具备一定的刚度或劲度，以增加桩土荷载分配比，在让复合地基中的桩体更好的充分发挥作用的同时，充分利用桩间土的作用。

A　垫层形式的选择

垫层一般由散粒状材料组成，因此可以采用砂或碎石等，也可采用一定整体劲度的灰土垫层。在控沉疏桩复合地基的设计中，由于桩、土刚度相差较大，为了提高垫层的整体刚度，可以在垫层中间加铺一层土工格栅或钢筋网。针对控沉疏桩复合地基结构的特点，垫层可分为碎石垫层、碎石垫层+8%灰土垫层及碎石加筋垫层等三种型式。工程设计中桩帽间空隙采用碎石填实兼做排水垫层、桩帽顶以上采用 8%灰土做垫层的形式，形成碎石垫层+8%灰土垫层的形式。

有试验成果表明不同形式垫层的处理效果是相当的，而且处理效果明显，说明垫层作用显著，均能起到调节桩土应力比，促使桩土变形协调的作用。

B　垫层厚度的确定

大量的试验表明，褥垫层的厚度对复合地基的工作性状具有较大的影响。褥垫层厚度过小，桩对路堤产生很大的应力集中的现象，这在高速公路的路堤填筑过程中是很危险的。同时由于厚度过小，桩间土的承载力不能充分发挥，要达到设计要求，就必须增加桩的数量，必然造成经济上的浪费。褥垫层厚度大，可充分发挥桩间土的作用。但若褥垫层厚度过大，会导致桩土应力比等于或接近 1，此时不能充分发挥桩的作用。因此必须选择合理的褥垫层厚度。桩帽的大小也是影响垫层厚度的一个重要因素，若桩帽很大，则可以减小褥垫层的厚度，相反必须增加褥垫层的厚度。

在确定垫层厚度时，应充分考虑垫层的调整桩土应力比和应力扩散的作用。在考虑应力扩散时，根据规范，碎石垫层的压力扩散角为 30°，8%灰土垫层的压力扩散角为 28°。桩体、桩帽、垫层布置模式如图 6-1 所示，以此条件来确定垫层厚度。

a　当 $2H_1\tan\varphi \geq S_2$ 时

此时通过垫层的应力扩散作用和土拱效应，上部荷载全部分配在桩帽上，然后通过桩帽再由超固结土层的应力扩散作用均匀地作用于软土层上，如图 6-1 所示。当垫层和表层超固结土的厚度满足该条件时，可不采用另外的加筋形式，此时为了保证桩帽之间土体的压实度，桩帽之间应采用碎石填实，并可同时作为排水层。

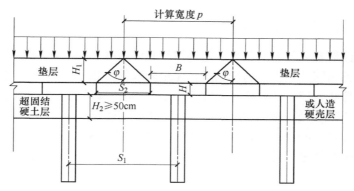

图 6-1 桩体、桩帽、垫层布置模式图

H_1—垫层厚度；φ—垫层的应力扩散角；H_2—超固结土层厚度；

S_1—桩间距；S_2—桩帽之间的距离；B—桩帽的宽度；H—桩帽厚度

在具体设计时，垫层及超固结硬壳层的厚度可按如下计算：

垫层厚度 H_1：

$$H_1 \geq (S_2 \tan\varphi)/2 \qquad (6\text{-}1)$$

表层超固结硬壳层的厚度 H_2：

$$H_2 \geq 50\text{cm} \qquad (6\text{-}2)$$

若桩间距取 3.0m，桩帽的宽度取 1.5m，则

当采用灰土垫层，灰土垫层最小厚度 H_1 为：

$$H_1 = 0.75 \times \tan62° = 1.41\text{m}$$

从计算可以看出，若仅采用 8% 灰土垫层，垫层的厚度不应小于 1.41m，综合考虑多种误差因素，垫层最小厚度不得小于 1.50m。这样才能充分发挥桩土共同作用，确保土拱效应的形成。

当全部采用碎石垫层时，碎石垫层的最小厚度为：

$$H_1 = 0.75 \times \tan60° = 1.30\text{m}$$

上述垫层的设计充分利用了预应力管桩桩身强度高的特点，并能充分发挥桩帽下土体的强度，能起到减小地基沉降的作用，从其受力来看，它充分考虑组合单桩减小沉降的效应，是一种可靠的设计方法。

b 当 $2H_1\tan\varphi < S_2$ 时

即灰土垫层的厚度不满足 1.50m，此时为了充分保证桩土共同工作，提高垫层的整体刚度，可采用加筋垫层的设计方法。可在碎石垫层的中间加铺一层钢筋网或钢塑格栅，调节桩土分担比，促使桩土变形协调，此时可不设置 8% 灰土垫层。试验表明垫层厚度可取 40cm，加筋材料可采用钢筋网、钢塑格栅或土工

格栅。

C　复合地基底板的处理

为了保证地基表层的承载力，使得桩帽和碎石处于相对比较好的土层上，对于土质较差无超固结硬壳层的情况下，无论采取何种垫层的设计方法，首先应对原地面进行拌灰处理，处理累计深度不小于 50cm，掺灰量不小于 8%，压实度不小于 87%，人工方法形成"超固结土"，以满足设计要求。

总之，在垫层的设计中，应根据地质条件、桩体中心间距的大小合理选择，处理好桩体中心间距、桩帽大小以及垫层的关系，合理选择桩帽大小和垫层的设计型式。

6.3.3.3　桩体中心间距与桩帽宽度的确定

对于疏化间距的刚性桩复合地基，桩的顶部设置桩帽，其受力特性较一般的柔性桩复合地基要复杂得多，桩体的压缩变形很小，甚至不发生变形，因此桩帽间土体的沉降量是影响整个复合地基沉降量的一个主要因素。桩体中心间距的确定应以试桩为主，由于主要以沉降控制，因此在进行试桩时，应以单桩复合地基为研究对象，着重研究复合地基在荷载作用下的沉降变形规律，为确定合理的桩体中心间距提供依据。

在刚性疏桩复合地基的设计中，桩体中心间距和桩帽的大小是两个密不可分的部分（第三章已有分析），由于复合地基的置换率对沉降控制来说至关重要，因此桩体中心间距直接决定着桩帽的大小。桩间土沉降量的大小与复合地基的置换率密不可分。为了充分发挥刚性桩加固地基时，桩体本身压缩量小的优点，在桩的顶部设置桩帽，桩帽是充分发挥刚性桩强度较高的优点，并在疏化桩间距时提高复合地基置换率的一种有效方法。因此桩间距的大小与桩帽的大小在设计时应综合考虑。在保证复合地基置换率不变的情况下，桩间距和桩帽的大小应同时增大或缩小。

在考虑桩间距和桩帽大小的同时，应结合垫层的设计方法，确定桩帽之间的间距。从复合地基置换率和垫层在调节桩土荷载分担比中的作用出发，桩帽之间的间距以 1.5m 为宜。间距过大，不能充分发挥桩土共同工作，会造成垫层刚度和厚度加大，处理效果差，工程实践表明，桩帽之间 1.5m 的距离是能满足要求的。

确定了桩帽之间的间距后，可事先假定桩的间距，然后根据单桩试验所确定的承载力和沉降变形要求来确定合理的桩间距。桩间距确定后，根据桩帽之间的距离，即可确定桩帽的大小。

6.3.3.4　桩帽厚度的确定

桩帽的大小与复合地基的复合面积置换率密切相关，与桩体中心间距的大小密切相关，当采用较大的桩体中心间距时，为保证复合地基的复合面积置换率，应同时加大桩帽的宽度，从而减小桩帽之间的距离，以便减小垫层厚度，起到控制沉降的作用，反之，则可减小桩帽的宽度。

桩帽的大小的确定包括两方面的内容：一是桩帽的宽度，可根据复合地基的置换率来确定；二是桩帽的厚度，可根据强度验算确定。具体确定方法如下：

A 受力分析

从力学的理论分析上，桩帽的受力较复杂，首先桩帽与管桩是现浇在一起的刚性连接件，其受力首先与桩的沉降及侧向变形有关；其次，桩帽与地面接触，在管桩发生沉降时，地面对桩帽有一反作用力；再次，桩帽本身是一个板结构，中间有一刚性支撑（管桩），四周是强度较低的地基支撑，此时其本身的受力相当于板结构。

可采用以下两种简化分析方法：一是桩帽和周围的土体脱空，桩帽由桩支撑，在脱空的瞬间，桩不发生沉降，且桩的直径与桩帽相比可以忽略，因此可以看作固定端点支座，按悬臂板考虑。由于桩土的刚度相差较大，是一种偏于安全的算法。如图 6-2（a）所示；二是考虑土体的反力作用，但其最大反力不得超过表层地基的极限承载力，计算时可采用极限承载力进行分析。桩帽和桩的连接仍看作固定端支座。土以均匀反作用力的形式作用于桩帽，其值大小为地基的极限承载力，如图 6-2（b）所示。

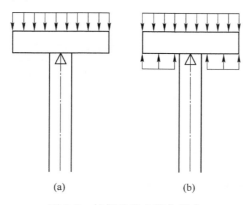

图 6-2 桩帽的受力简化模式

上覆荷载的大小可按图 6-1 中应力扩散的方法确定桩帽顶部的均布荷载大小作为设计荷载。荷载确定后，截取单位宽度的桩帽按钢筋混凝土结构的要求进行配筋和断面结构设计。

B 强度验算及构造要求

强度验算：强度及配筋验算可参照钢筋混凝土结构正截面承载力验算和抗剪强度验算，配筋时应按双向布置。

构造要求：桩帽的宽高比不得小于 6，当计算配筋小于钢筋混凝土结构设计规范规定的最小配筋率时，应按最小配筋率进行配筋，同时桩帽的配筋应采用双面配筋。

6.3.3.5　复合地基承载力计算

A　单桩承载力

单桩垂直极限承载力设计值在无试桩资料的情况下，在初步设计阶段可采用双桥静力触探试验来估算承载力。

a　原铁道部《静力触探技术规则》法

用双桥探头估算单桩极限承载力 Q_u，打入混凝土桩承载力计算式如下：

$$Q_u = \alpha_b \bar{q}_{cb} A_p + U \sum \beta_f \bar{f}_{si} L_i \tag{6-3}$$

式中　α_b, β_f——分别为桩端承载力、桩侧摩阻力的综合修正系数，其取值分别见表 6-1；

　　　$\bar{q}_{cb}$——桩底以上、下以 $4d$ 范围内的平均 $q_c(kPa)$，如桩底以上 $4d$ 的 $q_c(kPa)$ 平均值大于桩底以下 $4d$ 的 q_c 平均值，则 $\bar{q}_{cb}$ 取桩底以下 $4d$ 的 q_c 平均值；

　　　U——桩周长，m；

　　　L_i——计算分层各土层的厚度，m；

　　　A_p——桩帽的面积，m^2。

表 6-1　打入桩的桩端承载力和桩侧摩阻力综合修正系数 α_b、β_f

条　件	α_b	β_f
同时满足 $\bar{q}_{cb} > 2000kPa$，$\bar{f}_{si}/\bar{q}_{cb} \leqslant 0.14$	$3.975\ (\bar{q}_{cb})^{-0.25}$	$5.05\ (\bar{f}_{cb})^{-0.45}$
不能同时满足 $\bar{q}_{cb} > 2000kPa$，$\bar{f}_{si}/\bar{q}_{cb} \leqslant 0.14$	$12.00\ (\bar{q}_{cb})^{-0.35}$	$10.04\ (\bar{f}_{cb})^{-0.55}$

注：$\bar{f}_{si}$——第 i 层土的探头平均侧阻力，kPa。

b　《建筑桩基技术规范》法

用双桥探头估算预制单桩极限承载力计算式如下：

$$Q_{uk} = U \sum l_i \beta_i f_{si} + \alpha q_c A_p \tag{6-4}$$

式中　f_{si}——第 i 层土的探头平均侧限力；

　　　q_c——桩底平面上、下探头阻力，取桩端平面 $4d$（d 为桩的直径或边长）范围内的探头阻力加权平均值，然后再和桩端平面以下 $1d$ 范围内的探头阻力进行平均；

α——桩端阻力修正系数,对黏性土、粉土取 2/3 和砂土的 1/2;

β_i——第 i 层土侧阻力综合修正系数,黏性土:$\beta_i = 10.04\,(f_{si})^{-0.55}$;砂性土:$\beta_i = 5.05\,(f_{si})^{-0.45}$。

其余符号意义同前。

桩的设计承载力为 R_k^d 为:

$$R_k^d = Q_u / \gamma_R \tag{6-5}$$

式中　R_k^d——单桩的设计承载力,kN;

　　　γ_R——安全系数,取 2.0。

从上述计算中可知,桩间土物理力学指标的高低,将直接影响到桩的承载能力。从实际观测及工程实践可知,在沉桩的过程中,土体受到挤密作用,在原地基中将产生超孔隙水压力荷载作用于土体。随着时间的推移,超孔隙水压力逐渐消散,土体发生再固结,桩间土体的物理力学指标有较大的提高,强度增长。由此可看出,桩间土体的再固结是地基承载力提高的主要原因,而再固结的程度将直接关系到承载力提高的幅度。

为了加快桩间土体由于桩的挤土效应而产生的超孔隙水压力的消散程度,提高土体固结的程度,进一步提高桩间土的地基承载能力,减小路堤的沉降量,在沉桩的过程中,在新建高速公路应用疏桩处理时,可在桩间土之间打设塑料排水板来加快桩间土的再固结速度,达到提高地基承载力的目的。

从已有工程的施工现场可以发现,如果在地基中存在较多的砂层,可起到排水通道的作用,在沉桩过程中,地面将出现较大的渗水现象,其主要是由于排水通道的存在,使得在沉桩过程中产生的超孔隙水压力迅速消散,实现土体的快速固结,从而最大限度的提高桩间土的承载力,减小沉降,但在砂性地基沉桩时应充分考虑砂的液化问题。

由于桩帽的存在,桩上部的侧摩阻力会受到削弱,其影响深度根据以往桩基静载试验经验可取 1.5 倍桩帽宽度,在进行桩极限承载力验算时不应计入。

B　置换率

复合面积置换率(正方形布桩):　　　$m_1 = A_1 / A$ 　　　(6-6)

单根桩与复合地基置换率:　　　$m_2 = A_p / A$ 　　　(6-7)

式中　A_p——桩的截面积,m^2;

　　　A_1——桩帽的面积,m^2,$A_1 = l^2$;

　　　l——桩间距,m。

C　复合地基承载力验算

$$f_{sp,k} = mR_k^d / A_1 + \beta(1-m)f_{sk} \tag{6-8}$$

式中　R_k^d——单桩的设计承载力,kN,可由试桩或双桥静力触探法确定;

f_{sp}——复合地基承载力，kPa；

　β——桩间土应力发挥系数；

f_{sk}——天然地基承载力，kPa，根据试验取值。

其余符号意义同前。

承载力验算时可采用组合单桩的试验成果，也可采用单桩的试验成果。R_k^d 对应组合单桩的设计承载力时 m 按 m_1 取值；R_k^d 对应单桩的承载力时 m 按 m_2 取值，两者计算结果基本应相同，但存在一定试验误差，可取均值。

当 m 取 m_1 时，则有：$f_{sp,k} = m_1(R_k^d + f_{sk} \times A_1)/A_1 + \beta(1 - m_1)f_{sk}$

当 m 取 m_2 时，则有：$f_{sp,k} = m_2 R_k^d/A_p + \beta(1 - m_2)f_{sk}$

6.3.3.6　控沉疏桩复合地基沉降计算

在工程中应用较多，且计算结果与实际比较符合的是复合模量法。该法的前提条件是桩土变形协调。由于在控沉疏桩复合地基的设计中，在桩的顶部配置桩帽，尽管桩帽顶部会产生一定的上刺入变形量。但垫层一般较厚，从整体上看，这部分上刺量可近似不考虑，带帽单桩复合地基中复合桩体与桩帽间土体的沉降变形可近似满足复合模量法的使用前提条件，认为复合桩体与桩帽间土体竖向是等量变形的。因此在计算加固区沉降时，采用复合模量法计算。同时由于预应力管桩桩身强度高，在路堤荷载的作用下，桩身只发生极小的变形，甚至不发生，因此在处理深厚软基时，其值对总沉降影响很小。

控沉疏桩复合地基由于置换率较低和设置的褥垫层较厚，考虑桩尖应力集中范围有限，下卧层内的应力分布可按褥垫层上的总荷载计算，即作用在褥垫层底面的压力仍假定为均布，并根据通用的 Boussinesq 半无限空间解求出加固体底面以下的附加应力，由此计算下卧层变形量 s_2。

当已知复合地基复合面积置换率 m 和各土层的压缩模量 E_s 后，可按式（6-14）进行计算加固区的复合模量 E_{sp}（计算方法详见第 3 章有关内容）：

$$E_{sp} = mE_p + (1 - m)E_s \tag{6-9}$$

沉降量采用一般的分层总和法进行计算：

$$S = \psi\left(\sum_{i=1}^{n_1} \frac{\Delta P_i}{E_{sp}}\Delta h_i + \sum_{j=n_1+1}^{n_2} \frac{\Delta P_j}{E_{sj}}\Delta h_j \right) \tag{6-10}$$

式中　　n_1——加固区的土层数；

　　　　n_2——压缩层厚度内的总土层数；

ΔP_i，ΔP_j——各土层的附加应力，kPa；

　　　Δh_i——各土层的分层厚度，m；

　　　ψ——沉降修正系数，按实测值求得。

压缩层厚度的选取应符合下列条件：

$$\Delta s_n' \leqslant 0.025 \sum_{i=1}^{n_2} \Delta s_i' \tag{6-11}$$

式中　　$\Delta s_n'$——在计算深度范围内，第 i 层土的计算变形值；

　　　　$\Delta s_i'$——在计算深度向上取厚度为 Δz 的土层计算变形值，Δz 按表 6-2 确定。

表 6-2　Δz 值

基础宽度 b/m	$\leqslant 2$	$2 < b \leqslant 4$	$4 < b \leqslant 8$	< 8
$\Delta z/\mathrm{m}$	0.3	0.6	0.8	1.0

如确定的计算深度下部仍有软土层时，应继续计算。

6.3.4　带帽 PTC 型刚性疏桩复合地基优化设计方法

6.3.4.1　带帽 PTC 型刚性疏桩复合地基沉降计算的两种模式

根据带帽单桩复合地基力学性状的有限元分析以及建筑桩基技术规范，可知当桩体中心间距大于 5~6 倍桩径时（实际工程桩的桩体中心间距为 7.5 倍桩径），带帽刚性群桩复合地基可以按带帽单桩复合地基设计和进行沉降计算。通过第 3 章和第 4 章有关内容的分析，带帽单桩复合地基可以看成是由柔性垫层、复合桩体、桩帽间土体以及下卧层土体组成，如图 6-3（a）所示。在带帽单桩复合地基的沉降计算中，可以分别采用复合桩基模式和桩帽间土体模式等两种沉降计算模式，如图 6-3（b）、（c）所示。按不同的模式进行沉降计算，都要先确定作用于复合桩体和桩帽间土体表面上的荷载，两种荷载确定的方法可以按照第 4.2 节推导的复合桩土应力比公式进行。

A　柔性垫层复合桩基沉降模式

带帽桩复合地基的沉降量应该等于垫层的压缩量、复合桩体的压缩量与下卧层土体的压缩量三者之和，其中在设计荷载作用下，垫层的压缩量一般不到 1cm，可以视为常量或者采用材料力学方法进行估算，复合桩体的压缩量可以忽略不计（刚性桩刚度太大）。因此问题要求带帽刚性疏桩复合地基的沉降量，其实质就是要求解下卧层土体的压缩量，这一问题国内外众多学者都进行了研究和探讨。比较适用的求解方法是把作用于桩帽顶的均匀分布力看成是直接作用于桩顶位置（这样处理，忽略桩帽下土体的承载作用，计算结果偏于安全），作用于桩顶的集中力对地基土产生的作用力可以看成是桩端集中力、桩侧均匀分布力和桩侧随深度线性增长的分布力三种荷载的叠加。Geddes 根据弹性理论半无限体中作用有一竖向集中力时的 Mindlin 解的积分，导出了单桩上述三种形式作用力在地基中产生的地基附加应力的计算公式，计算公式可参考有关文献。该计算模

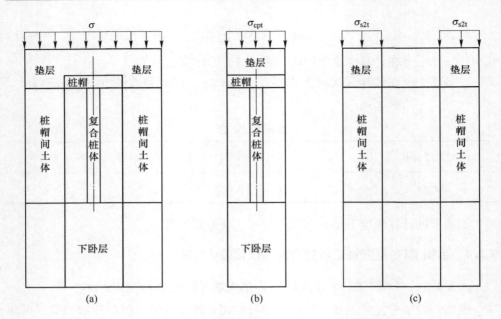

图 6-3 带帽桩复合地基沉降计算模式示意图

（a）复合地基形式；（b）复合桩基模式；（c）桩帽间土体模式

需要确定下卧层的压缩层厚度，这可使用土力学中常用的方法或经验综合确定，然后在求出三种荷载之后采用分层总和法计算下卧层的沉降量，并以此作为带帽桩复合地基的总沉降量。

另外，黄绍铭等人在 1983 年提出的一种适用于软土中按常规方法设计的半经验、半理论桩基沉降计算实用方法基础上，结合工程中行之有效的天然地基浅基础沉降计算方法，提出了能考虑不同桩数、不同桩长、桩位排列不规则等多种复杂条件下的控沉疏桩基础沉降计算方法。

B 桩帽间土体模式

带帽桩复合地基的沉降量等于垫层的压缩量与桩帽间土体的压缩量之和，其中垫层的压缩量计算同上。根据试桩试验的成果分析、带帽单桩复合地基荷载传递规律分析、带帽单桩复合地基力学性状的有限元分析的结果，发现桩帽间土体在其所分担的荷载作用下只在一定深度产生了附加应力。也就是说，对桩帽间土体而言，荷载作用下土体中产生附加应力的区域有一定的影响深度，该影响深度一般小于桩长。影响深度的选取一般可取为桩长或者进行试桩反分析综合确定，工程中如此处理，结果偏于安全。采用桩帽间土体的沉降模式，只要确定了作用于桩帽间土体表面上荷载即可采用分层总和法求出桩帽间土体的沉降量。按这种沉降模式进行带帽桩复合地基沉降计算，方法上很简单，采用为广大工程技术人员所熟悉的分层总和法，而且根据本章第 4.2 节推导的复合桩土应力比可以很方便地确定出桩帽间土体表面所分担的荷载。

通过试桩试验可知，复合桩体沉降量与桩帽间土体沉降量一般不相等，通常是桩帽间土体的沉降量大于复合桩体的沉降量，因此可以采用桩帽间土体的沉降量作用为带帽桩复合地基的总沉降量，这样处理的结果将使得工程安全可靠度提高。从另一角度来看，由于新建的高速公路工后沉降量桥头控制标准一般为3cm，只要把桩帽间土体的沉降量控制在工后沉降量要求的范围内就可有效防止桥头跳车现象，满足高速公路正常营运要求。正因如此，对于带帽桩复合地基，本文的优化设计思路主要是采取适当措施（一般可采取改变桩体中心间距和桩帽尺寸、增减预压时间或进行超载预压等措施）控制桩帽间土体的沉降量在高速公路工后沉降量桥头控制标准的范围内。

6.3.4.2 优化设计思路

通过上述带帽单桩复合地基的沉降模式分析，认为采用桩帽间土体的沉降计算模式比较合理，并以此沉降计算量来替代带帽单桩复合地基的总沉降量，因此可以把桩帽间土体的沉降量作为带帽单桩复合地基设计的主要控制因素，即可以按照控制桩帽间土体的沉降量不超过高速公路软土地基工后沉降量桥头控制标准来进行带帽桩复合地基的优化设计。新建的高速公路有一定的预压期，设计时应当充分利用预压期的特点，在满足工后沉降量和工期的情况下，可适当增大桩体中心间距，节省桩数，以求更好地处理效果。若沉降量不满足工后沉降量的控制标准，则可以延长预压时间或进行超载预压，还可以通过缩小桩体中心间距或增大桩帽尺寸来减小桩帽间土体的沉降量，并控制在工后沉降量的要求范围内。具体优化设计的思路如下：

（1）按初步拟定的带帽单桩复合地基的设计参数，求出复合桩土应力比。

（2）根据复合桩土应力比、荷载水平求出作用于复合桩体表面和桩帽间土体表面的荷载。

（3）分别按复合桩体和桩帽间土体沉降计算模式，采用分层总和法计算总荷载作用下两者各自的总沉降量。

（4）计算第 i 级填土荷载作用下复合桩体和桩帽间土体各自分担的荷载。

（5）计算第 i 级填土荷载作用下复合桩体和桩帽间土体各自的沉降量。

（6）计算各级荷载作用下复合桩体和桩帽间土体各自的累加沉降量。

（7）分别计算复合桩体累加沉降量与其总沉降量的差值、桩帽间土体与其累加沉降量之间的差值，取两差值中的较大值，并判断所取差值是否满足工后沉降量桥头控制标准的要求。

（8）若上述差值满足高速公路工后沉降量的要求，可以选择是否要进行桩体中心间距和桩帽尺寸的优化。选择是，则通过适当增大桩体中心间距和缩小桩帽尺寸，并返回至第 2 步重新计算，以适量增加桩帽间土体的沉降量并控制在桥头工后沉降量控制标准内，从而达到增加桩帽间土体的沉降、减少桩数、节约工程造价的目的；选择否则直接输出计算结果（包括带帽桩复合地基总沉降量、各级荷载下沉降增量、桩体中心间距、桩帽尺寸等内容）。

（9）若上述差值不满足高速公路工后沉降量桥头控制标准的要求，则要选择适当的处理措施。程序中有两种处理措施可供选择：一是选择减小桩体中心间距或增大桩帽尺寸，返回第（2）步重新计算，直到复合桩体的沉降量差值或桩帽间土体的沉降量差值满足工后沉降量的要求为止；二是选择延长预压时间或进行超载预压的处理措施，同样可以达到减小桩帽间土体沉降量的目的。两种处理措施也可以综合使用，在工期较宽松的情况下可以采用增大桩体中心间距的措施，减少桩数，延长预压时间以求更好的工程造价，在工期较紧张的情形下，可以采用减小桩体中心间距或增大桩帽尺寸的措施，以增加桩数达到减小桩帽间土体沉降量的目的。其流程示意图如图 6-4 所示。

考虑到桩体的围箍作用，桩帽间土体的沉降可近似看作只发生竖向位移，采用太沙基一维固结理论和单向分层总和法进行固结度计算和沉降计算。

6.3.4.3　工程实践

A　土层地质参数

试验段各土层的地质参数见表 6-3。

B　初步拟定设计参数

桩长 $L_p = 29m$，桩径 $D_p = 0.4m$，桩体中心间距 $B_1 = 3.0m$，桩帽尺寸 $B_2 = 1.5m$，灰土垫层，厚度 $h_c = 1.5m$。

C　按不同复合桩土应力比固结计算

对试验段带帽刚性疏桩复合地基按不同复合桩土应力比进行固结沉降计算，并将计算结果与现场观测值作比较，见表 6-4，其中 $n = 91$ 为采用本文第四章计算方法的计算的数值，其余三个数值（$n = 25$、50、70）则是为作比较而选用的数值。由表 6-4 可以看出，当 $n = 25$ 时，采用一维固结理论、单向分层总和法的固结沉降计算结果与实测值比较接近，随着复合桩土应力比的增大，固结沉降计算值与实测值相差越来越大。四种计算结果均可反映出地基发生固结沉降变形的一般规律。分析产生该情况的原因，可能有以下方面：一是本文所建立的复合桩土应力比计算公式，模型上是把带帽桩和桩帽下的土体看成是复合桩体，理论上是忽略了桩帽下土体的承载作用，实际上桩帽下土体还是有一定的承载作用，使得复合桩土应力比的计算偏大，桩帽间土体承载的荷载偏小，总沉降、瞬时沉降和固结沉降偏小，因此建议对复合桩土应力比计算值进行修正。将原型观测值与各复合桩土应力比（可以事先假定）固结沉降计算值进行比较，确定比较合适的复合桩土应力比值，所要的修正系数为复合桩土应力比计算值与按上述方法确

表 6-3　各层土的物理力学指标

序号	土的名称	埋深/m	厚度/m	含水量 W_o/%	容重 γ/kN·m⁻³	饱和度 S_r/%	孔隙比 e_o	液限 W_L/%	塑限 W_p/%	塑性指数 I_p	液性指数 I_L	压缩系数 $a_{0.1-0.2}$/MPa⁻¹	压缩模量 $E_{s0.1-0.2}$/MPa
1	灰色砂质粉土	12.5	12.5	30.9	19.2	99	0.84			13		0.32	5.83
2	灰色粉质黏土	14.1	1.6	33.9	18.4	94	0.99	35.8	20.5	15.3	0.88	0.57	3.47
3	灰色黏土	15.6	1.5	38.3	18.1	96	1.09	39	20.8	18.2	0.96	0.80	2.62
4	灰色淤泥质黏土	18.6	3.0	48.3	17.2	97	1.37	43	22	21	1.25	0.85	2.80
5	灰色粉质黏土	33.8	15.2	35.8	18.0	92	1.06	36.4	19.7	16.7	0.96	0.65	3.18
6	绿灰色粉质黏土	38.0	4.2	24	19.8	92	0.71	34.5	19	15.5	0.32	0.25	6.97
7	灰色粉质黏土	40.0	2	23.6	19.9	93	0.69	31	19.1	11.9	0.38	0.21	8.23

表 6-4　带帽桩复合地基按不同复合桩土应力比固结计算结果（$B_1 = 3.0$ m）

结构层	路堤高度/m	填土高度/m	填料容重/kN·m⁻³	加载时间 开始/d	结束/d	$n=25$ 总沉降/cm	固结沉降/cm	工后沉降/cm	$n=50$ 总沉降/cm	固结沉降/cm	工后沉降/cm	$n=70$ 总沉降/cm	固结沉降/cm	工后沉降/cm	$n=91$ 总沉降/cm	固结沉降/cm	工后沉降/cm	原型观测值/cm
						8.96			4.87			3.06			1.57			
				6570		8.96	0		4.86	0.01		3.06	0.0		1.57	0.0		
				1095		8.9	0.06		4.17	0.7		2.83	0.23		1.54	0.03		
面层	4.37	0.2	25	569	659	8.49	0.47		3.82	1.05		2.60	0.46		1.43	0.14		
基层	4.17	0.4	25	479	569	8.01	0.95		3.71	1.16		2.52	0.54		1.38	0.19		
底基层	3.77	0.4	25	419	479	7.33	1.63		3.59	1.28		2.44	0.62		1.33	0.24		
95 区	3.37	0.42	19	141	150	5.85	3.11		3.25	1.62		2.18	0.88		1.14	0.43		5.55

结构层	路堤高度/m	填土高度/m	填料容重/kN·m⁻³	加载时间 开始/d	加载时间 结束/d	n=25 总沉降/cm	n=25 固结沉降/cm	n=25 工后沉降/cm	n=50 总沉降/cm	n=50 固结沉降/cm	n=50 工后沉降/cm	n=70 总沉降/cm	n=70 固结沉降/cm	n=70 工后沉降/cm	n=91 总沉降/cm	n=91 固结沉降/cm	n=91 工后沉降/cm	原型观测值/cm
上路床	2.95	0.51	19	125	135		5.0	3.96		3.18	1.69		2.13	0.93		1.10	0.47	2.84
下路床	2.44	0.54	19	106	120		4.59	4.37		3.14	1.73		2.10	0.96		1.08	0.49	1.38
垫层	1.9	1.5	19	44	102		4.17	4.79		3.1	1.77		2.08	0.98		1.06	0.51	0.36
桩帽间碎石	0.4	0.4	21	0	38		3.16	5.8		3.02	1.85		2.01	1.05		1.01	0.56	

定的复合桩土应力比值的比值，本例为 3.64；二是考虑到土体参数的复杂性，按照土力学中常用方法，可在计算值与实测值之间选取一比较合适的系数，对于复合桩土应力比 $n=91$ 的情况，加权系数为 4.87。综合上述两方面因素，确定复合桩土应力比修正系数为 4.26，由此可预测带帽桩复合地基的总沉降为 6.69cm。

D　优化设计结果

根据上述优化设计的思路，考虑到问题的复杂性，本文只对增大或减小桩体中心间距和选择不同的预压时间进行优化，其结果见表 6-5。路堤全荷载作用下，通过计算得到天然地基的总沉降量为 78.4cm。由表 6-5 可以看出，采用带帽 PTC 型刚性疏桩复合地基处理技术，当桩体中心间距为 4.5m 时，路基总沉降才 33.4cm，比天然地基的总沉降量要小得多，说明带帽控沉疏桩复合地基可以有效减小路基总沉降量。随着桩体中心间距的增大，桩帽间土体的总沉降量随之增大，需采用相应的预压措施才能满足高速公路工后沉降量的控制标准（3cm），并且桩体中心间距越大，需要的预压时间越长，这在工期相对紧张的情况下一般是不允许的。这说明在工期相对紧张的情况下，可以采用缩小桩体中心间距（或增大桩帽尺寸）的措施，达到路基工后沉降量在其允许的范围内。同时也说明了带帽控沉疏桩复合地基技术配合预压措施，可以有效控制路基的工后沉降量。通过对工期、工程造价等各方面因素的综合考虑，建议采用 3.5m 的桩体中心间距，其他尺寸可按照原设计参数。

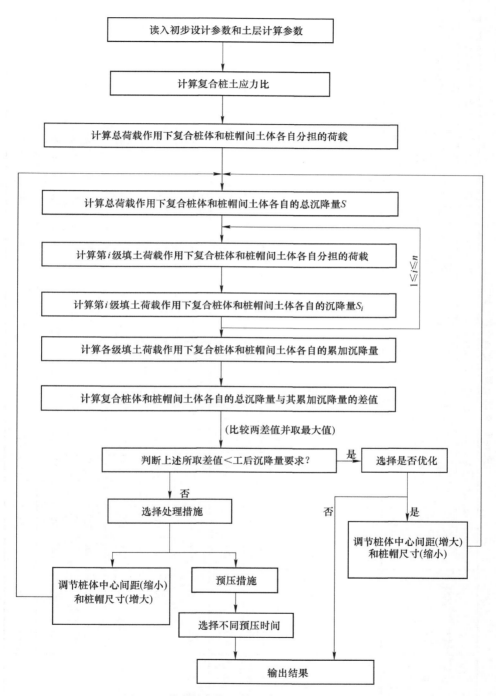

图 6-4　控制桩帽间土体沉降量优化设计示意图

表 6-5　带帽桩复合地基优化设计结果

结构层	路堤高度/m	填土高度/m	填料容重/(kN·m⁻³)	B_1=3.0m（设计参数）加载时间 开始/d	结束/d	总沉降/cm	固结沉降/cm	工后沉降/cm	B_1=3.5m（优化参数）加载时间 开始/d	结束/d	总沉降/cm	固结沉降/cm	工后沉降/cm	B_1=4.0m（优化参数）加载时间 开始/d	结束/d	总沉降/cm	固结沉降/cm	工后沉降/cm	B_1=4.5m（优化参数）加载时间 开始/d	结束/d	总沉降/cm	固结沉降/cm	工后沉降/cm
				6570	6570	8.96	8.96	0	6570	6570	14.6	14.6	0	6570	6570	25.1	25.1	0	7300	7300	33.4	33.4	0
				1095	1095		8.9	0.06	1095	1095		14.3	0.35	1095	1095		23.1	2.06	1475	1475		33.1	0.32
面层	4.37	0.2		569	659		8.49	0.47	569	659		13.4	1.28	630	750		22.6	2.53	1020	1110		31.7	1.69
基层	4.17	0.4	25	479	569		8.01	0.95	479	569		12.5	2.06	540	630		20.6	4.49	930	1020		29.9	3.49
底基层	3.77	0.4	25	419	479		7.33	1.63	419	479		11.5	3.12	480	540		19.0	6.11	870	930		27.5	5.95
95区	3.37	0.42	19	141	150		5.85	3.11	141	150		9.17	5.46	210	240		16.2	8.94	450	510		23.9	9.54
上路床	2.95	0.51	19	125	135		5.0	3.96	125	135		7.94	6.69	180	210		15.0	10.2	390	450		21.8	11.7
下路床	2.44	0.54	19	106	120		4.59	4.37	106	120		7.33	7.3	150	180		13.7	11.4	300	390		19.7	13.7
垫层	1.9	1.5	19	44	102		4.17	4.79	44	102		6.72	7.91	60	150		12.7	12.4	60	300		17.3	16.1
桩帽间碎石	0.4	0.4	21	0	38		3.16	5.8	0	38		5.24	9.39	0	60		9.58	15.5	0	60		10.8	22.6

6.4 本章小节

（1）分析了 PTC 管桩在高速公路深厚软基处理中的适应性，探讨了 PTC 型控沉疏桩复合地基设计的基本步骤、基本内容及初步设计的一般方法，设计时主要是需合理确定桩长、桩体中心间距、桩帽尺寸及垫层厚度等各种设计尺寸，给出了带帽单桩复合地基上述尺寸确定的一般方法，对工程设计有一定的指导作用。

（2）通过试桩试验的成果分析、复合桩土应力比的分析、带帽单桩复合地基荷载传递规律分析、带帽单桩复合地基力学性状的有限元分析以及建筑桩基技术规范，可以采用控制桩帽间土体的沉降量来进行复合地基的设计，并由此提出带帽单桩复合地基的优化设计的思路和方法。

（3）在桩帽间土体沉降量满足新建高速公路工后沉降量控制标准的情况下，可以通过调整复合桩土应力比进行复合地基优化设计，采取增大桩体中心间距或减小桩帽尺寸并配合延长预压时间，节省桩数，以达到降低工程造价的目的。

（4）在桩帽间土体沉降量不满足新建高速公路工后沉降量控制标准的情形下，有两种措施可供选择：一是在工期宽松的情形下，可以采取延长预压时间或进行超载预压的措施；二是在工期较紧张的情形下，可以采取减小桩体中心间距或增大桩帽尺寸的措施。两种处理措施均可以达到降低桩帽间土体沉降量的目的，第一种处理措施是以工期宽松为前提的，而第二种处理措施是以提高工程造价、追求工期为代价，工程中究竟采用哪一种，应视工程造价、工程施工期等因素综合确定。

（5）通过工程实例，采用调整桩体中心间距和桩帽尺寸来改变复合桩土应力比的大小，调整桩帽间土体表面分担荷载的大小，并配合预压措施来达到控制桩帽间土体的沉降量的目的，说明本文所提倡的带帽单桩复合地基进行优化设计的思路和方法是可行的，具有较好的先进性。

参 考 文 献

[1] 郑刚，刘润．减沉桩与土相互作用机理工程实例与有限元分析 [J]．天津大学学报，2001，34（2）：209~213.

[2] 江苏省交通基础技术工程研究中心．沪宁高速公路路基拓宽综合处理技术研究成果总结报告 [R]．2004.3.

[3] 龚晓南．复合地基理论及工程应用 [M]．北京：中国建筑工业出版社，2002：1~120.

[4] 龚晓南．21 世纪岩土工程发展展望 [J]．岩土工程学报，2000，22（2）：238~242.

[5] 阎明礼，张东刚．CFG 桩复合地基技术及工程实践 [M]．北京：中国水利水电出版社，2001：1~92.

[6] 吴慧明，龚晓南．刚性基础与柔性基础下复合地基模型试验对比研究 [J]．土木工程学报，2001，34（5）：81~84.

[7] 何良德，陈志芳，徐泽中．带帽 PTC 单桩和复合地基承载特性试验研究 [J]．岩土力学，2006，27（3）：436~444.

[8] 雷金波，张少钦，雷呈凤，等．带帽刚性疏桩复合地基荷载传递特性研究 [J]．岩土力学，2006，27（8）：1322~1326.

[9] 雷金波，徐泽中，姜弘道，等．PTC 型控沉疏桩复合地基试验研究 [J]．岩土工程学报，2005，27（6）：652~656.

[10] 雷金波，陈从新．带帽刚性疏桩复合地基现场足尺试验研究 [J]．岩石力学与工程学报，2010，29（8）：1713~1720.

[11] 赵阳．岸边软土区带帽刚性疏桩复合地基模型试验与理论研究 [D]．长沙：湖南大学，2015.

[12] 吴燕泉．带桩帽刚性桩复合地基承载力设计计算方法研究 [D]．长沙：湖南大学，2013.

[13] 余闯．路堤荷载下刚性桩复合地基理论与应用研究 [D]．南京：东南大学，2006.

[14] 高成雷，凌建明，杜浩．拓宽路堤下带帽刚性疏桩复合地基应力特性现场试验研究 [J]．岩石力学与工程学报，2008，27（2）：354~360.

[15] 王虎妹．褥垫层厚度对带帽刚性桩性状的研究 [J]．武汉大学学报（工学版），2011，44（6）：753~756.

[16] 黄生根．柔性荷载下带帽 CFG 桩复合地基承载性状的试验研究 [J]．岩土工程学报，2013，35（增刊2）：565~568.

[17] 万年华．预应力管桩复合地基在公路工程软土地基中的应用 [J]．中外公路，2013，33（4）：49~53.

[18] 谭儒蛟，张建根，徐鹏道．带帽 PTC 桩在高速拓宽软土路基处理中的试验监测分析 [J]．工程勘察，2015，1：26~31.

[19] 段晓沛，曾伟，苑红凯，等．管桩复合地基桩土荷载分担比现场试验研究 [J]．市政技术，2015，34（5）：357~361.

[20] 王想勤，李建国．路堤荷载下刚性桩复合地基桩帽效应分析 [J]．成都大学学报（自然科学版），2013，32（2）：298~302.

[21] 刘苏弦，罗忠涛. 路堤荷载下刚性桩复合地基沉降计算研究 [J]. 交通科学与工程，2012，28（1）：29~34.

[22] 陈昌富，米汪，赵湘龙. 考虑高路堤土拱效应层状地基中带帽刚性疏桩复合地基的承载特性 [J]. 中国公路学报，2016，29（7）：1~9.

[23] 陈仁朋，许峰，陈云敏，等. 软土地基上刚性桩—路堤共同作用分析 [J]. 中国公路学报，2005，18（3）：565~568.

[24] 赵明华，胡增，张玲，等. 考虑土拱效应的高路堤桩土复合地基受力分析 [J]. 中南大学学报（自然科学版），2013，44（5）：2048~2052.

[25] 吕伟华，邵光辉. 刚性桩网加固拓宽路堤性状数值分析 [J]. 林业工程学报，2016，1（2）：117~123.

[26] 陈富强. 群桩复合地基承载变形特性的数值模拟研究 [D]. 广州：华南理工大学，2010.

[27] 朱筱嘉. 带帽刚性疏桩复合地基数值分析和优化设计研究 [D]. 南京：河海大学，2007.

[28] 杨德健，王铁成. 刚性桩复合地基沉降机理与影响因素研究 [J]. 工程力学，2010，27（S1）：150~153.

[29] 郑俊杰，马强，韦永美，等. 复合地基沉降计算与数值模拟分析 [J]. 华中科技大学学报（自然科学版），2010，38（8）：95~98.

[30] 吴慧明. 不同刚度基础下复合地基性状研究 [D]. 杭州：浙江大学，2000.

[31] 龚晓南，褚航. 基础刚度对复合地基性状的影响 [J]. 工程力学，2003，20（4）：67~73.

[32] 冯瑞玲，谢永利，方磊. 柔性基础下复合地基的数值分析 [J]. 中国公路学报，2003，16（1）：40~42.

[33] 张忠坤，侯学渊，殷宗泽，等. 路堤下复合地基沉降发展的计算方法探讨 [J]. 公路，1998，10：31~36.

[34] 朱云升，胡幼常，丘作中，等. 柔性基础复合地基力学性状的有限元分析 [J]. 岩土力学，2003，24（3）：395~400.

[35] 曾远，周瑞忠. 高速公路复合地基非线性有限元分析 [J]. 福州大学学报，2003，31（2）：206~210.

[36] 刘国明，周军. 路堤软土地基沉降有限元非线性分析 [J]. 福州大学学报，2003，31（4）：470~473.

[37] 杨虹，高萍. 填土路堤下复合地基性状研究 [J]. 佛山科学技术学院学报，2003，21（2）：36~39.

[38] 王欣，俞亚南，高文明. 路堤柔性荷载下的粉喷桩复合地基内的附加应力分析 [J]. 中国市政工程，2003，3：1~2.

[39] 张忠苗，陈洪. 柔性承台下复合地基应力和沉降计算研究 [J]. 岩土力学，2003，25（3）：451~454.

[40] 刘吉福. 路堤下复合地基桩、土应力分析 [J]. 岩石力学与工程学报，2003，22（4）：674~677.

［41］ 伊尧国，全志利，周长青. 软土地区桩体复合地基沉降变形与稳定性分析 ［J］. 天津城市建设学院学报，2001，7（4）：252~258.

［42］ 杨涛. 柔性基础下复合地基下卧层沉降特性的数值分析 ［J］. 岩土力学，2003，24（1）：53~56.

［43］ 刘杰，张可能. 路堤荷载下复合地基变形及荷载传递规律研究 ［J］. 铁道学报，2003，25（3）：107~111.

［44］ Poorooshasb H B，Alamgir M，Miura N. Negative Skin Friction on Rigid and Deformable Piles ［J］. Computers and Geotechnics，1996，18（2）：109~126.

［45］ Taoa J S，Liub G R，Lamb K Y. Dynamic analysis of a rigid body mounting system with flexible foundation subject to fluid loading ［J］. Shock & Vibration，2001，Vol. 8（1）：33~48.

［46］ X. Li. Dynamic Analysis of Rigid Walls Considering Flexibile Foundation ［J］. Journal of Geotechnical and Geoenvironmental Engineering，1999，Vol. 125（9）：56~63.

［47］ O'Shea. Dan. Telephony，Programmable switching：The flexible foundation ［J］. Supplement PCS Edge，1996，Vol. 230（10）：22~24.

［48］ Han J，Gabr M A. Numerical Analysis of Geosynthetic-Reinforced and Pile-Supported Earth Platforms over Soft Soil ［J］. Journal of Geotechnical & Geoenvironmental Engineering，2002，128（1）：44~53.

［49］ Talbot J P，Hunt H E M. The effect of side-restraint bearings on the performance of base-isolated buildings Proceedings of the Institution of Mechanical Engineers-Part C ［J］. Journal of Mechanical Engineering Science，2003，217（8）：849~860.

［50］ Bergado D T，Long P V. Numerical Analysis of Embankment on Subsiding Ground Improved by Vertical Drains and Granular Piles ［C］//Proc. 13th International Conference on Soil Mechanics and Foundation Engineering，1994：1361~1366.

［51］ Bouassida M，P. De Buhan，Dormieux L. Bearing Capacity of a foundation Resting on a Soil Reinforced by a Group of Columns ［J］. Geotechnique，1995，45（1）：25~34.

［52］ Bouassida M，Hadhri T. Extreme Load of Soils Reinforced by Columns：The Case of an Isolated Columns ［J］. Soils and Foundations，1995，35（1）：21~35.

［53］ 池跃君，沈伟，宋二祥. 桩体复合地基桩土相互作用的解析法 ［J］. 岩土力学，2002，23（5）：546~550.

［54］ 池跃君，宋二祥，陈肇元. 刚性桩复合地基沉降计算方法的探讨及应用 ［J］. 土木工程学报，2003，36（11）：19~24.

［55］ 池跃君，沈伟，宋二祥. 垫层破坏模式的探讨及其桩土应力比的关系 ［J］. 工业建筑，2001，31（11）：9~11.

［56］ 周健. 复合地基加固区沉降计算的一种新方法 ［J］. 浙江大学学报，2000，134（1）：83~87.

［57］ 郑俊杰，彭小荣. 桩土共同作用设计理论研究 ［J］. 岩土力学，2003，24（2）：242~245.

［58］ 沈伟，池跃君，等. 考虑桩、土、垫层协同作用的刚性桩复合地基沉降计算方法 ［J］. 工程力学，2003，20（2）：36~42.

[59] 李宁，韩煊．单桩复合地基加固机理数值试验研究 [J]．岩土力学，1999，20（4）：42～49．

[60] 韩煊，李宁．复合地基中群桩相互作用机理数值试验研究 [J]．土木工程学报，1999，32（4）：75～80．

[61] 张雁，黄强．半刚性桩复合地基性状分析 [J]．岩土工程学报，1993，15（2）：86～93．

[62] 葛忻声，龚晓南，等．长短桩复合地基有限元分析及设计计算方法探讨 [J]．建筑结构学报，2003，24（4）：91～96．

[63] 李广信，余斌，宋二祥．堤坝复合地基的计算参数研究 [J]．岩土工程学报，2003，25（1）：18～22．

[64] 高大钊，孙钧．岩土工程的回顾与前瞻 [M]．北京：人民交通出版社，2001.6．

[65] 韩杰，叶书麟．碎石桩复合地基的有限元分析 [J]．岩土工程学报，1992，14（S1）：13～19．

[66] 邢仲星，陈晓平．复合地基力学特性研究及有限元分析 [J]．土工基础，2000，14（2）：1～4．

[67] Schweiger H F, Pande G N . Numerical Analysis of a Road Embankment Constructed on Soft Clay Stabilzed with Stone Column [J] . Numerical Method in Geomechanics，1988：1329～1333．

[68] Schweiger H F, Pande G N . Modelling Stone Column Reinforced Soft- a Modified Voigt Approach [C] //Proc. 3rd Num. Models in Geomech. , 1989：204～214．

[69] Canetta G, Nova R. Numerical Modelling of a Circular Foundation over Vibrofloted sand [C] //Proc. 3rd Num. Models in Geomech. , 1989：215～222．

[70] Canetta G, Nova R. A Numerical Method for the Analysis of Ground Improved by Columnar Inclusion [J]. Computers and Geotechnics，1989，7：99～114．

[71] 杨涛，殷宗泽．复合地基沉降的复合本构有限元分析 [J]．岩土力学，1998，19（2）：19～25．

[72] 杨涛．复合地基沉降计算理论、位移反分析模型和二灰土桩软基加固试验研究 [D]．南京：河海大学，1997：1～16．

[73] 刘杰，张可能．柔性基础下群桩复合地基荷载传递规律及计算 [J]．岩土力学，2003，24（2）：178～182．

[74] 段继伟．柔性桩复合地基的数值分析 [D]．杭州：浙江大学，1993．

[75] 蒋镇华．有限里兹单元法及其在桩基和复合地基中的应用 [D]．杭州：浙江大学，1996．

[76] 周建民，丰定祥，等．深层搅拌桩复合地基的有限元分析 [J]．岩土力学，1997，18（2）：44～50．

[77] 谢定义，张爱军．复合地基承载特性的计算机模拟分析 [C] //第七届土力学及基础工程学术会议论文集，北京：中国建筑工业出版社，1994：326～331．

[78] 施建勇，邹坚．深层搅拌桩复合地基沉降计算理论研究 [J]．岩土力学，2002，23（3）：309～316．

[79] Priebe H . Estimation Settlement in a Gravel Column Consolidated [M]. Die Bautechnik，1976：160～162.

[80] Aboshi H，Ichimoto E，Enoki M，Harada K. The Compozer-a Method to Improved Characteristics of Soft Clay by Inclusion of Large Diameter Sand Columns [C] //Proceedings of International Conference on Soil Reinforcements，1979，1：211～216.

[81] 张定. 碎石桩复合地基的作用机理分析及沉降计算 [J]. 岩土力学，1999，20（2）：81～86.

[82] Chow Y K. Settlement Analysis of Sand Compaction Pile [J]. Soils and Foundations，1996，36（1）：111～113.

[83] Goughnour R R. Settlement of Vertically Loaded Stone Columns in Soft Ground [C] //Proc. 8th European Conference on Soil Mechanics and Foundation Engineering，1983，1：235～240.

[84] Alamgir M，Miura N，Proorooshasb H B，Madhav M R. Deformation Analysis of Soft Ground Reinforced by Columnar Inclusion [J] . Computers and Geotechnics，1996，18（4）：267～289.

[85] 李静文. 联合应用 Boussinesq 和 Mindlin 求解桩土复合地基中的应力及其沉降 [J]. 地基处理，1993，4（4）：15～21.

[86] 李增选，张莹，刘利民. 柔性桩复合地基的计算 [C] //复合地基理论与实践学术讨论会论文集，杭州：浙江大学出版社，1996：76～81.

[87] D. Geddes. Stress in Foundation Soils Due to Vertical Subsurface Loading [J]. Geotechnique，1966，Vol. 16（3）：231～245.

[88] 宋修广. 水泥粉喷桩的理论研究与分析 [D]. 南京：河海大学，2000.

[89] 刘利民，陈有亮. 计算复合地基沉降的位移协调法 [J]. 上海大学学报，1996，2（6）：608～613.

[90] 池跃君，宋二祥，陈肇元. 刚性桩复合地基竖向承载特性分析 [J]. 工程力学，2003，20（4）：9～14.

[91] 盛崇文. 碎石桩复合地基的沉降计算 [J]. 土木工程学报，1982，19（1）：72～79.

[92] 姜前. 计算碎石桩复合地基变形模量的新方法 [J]. 岩土工程学报，1992，7（4）：53～58.

[93] 张定. 复合地基中桩体变形模量的分析与计算 [J]. 岩土工程学报，1999，21（2）：205～208.

[94] 郑俊杰，区剑华，等. 一种求解复合地基压缩模量的新方法 [J]. 铁道工程学报，2003，1：117～116.

[95] 王凤池，朱浮声，等. 复合地基复合模量的理论修正 [J]. 东北大学学报，2003，24（5）：491～494.

[96] 徐洋，卢廷浩，等. 考虑沉桩及群桩间相互影响的复合模量计算方法 [J]. 岩土力学，2001，22（4）：486～489.

[97] 张在明，等效变形模量的非线性特征分析 [J]. 岩土工程学报，1997，19（5）：56～59.

[98] 中华人民共和国行业标准. 建筑地基处理技术规范 [M]. 北京：中国建筑工业出版社，2012.

［99］ 杨克己．实用桩基工程［M］．北京：人民交通出版社，2004．

［100］ 河海大学．交通土建软土地基工程手册［M］．北京：人民交通出版社，2001．

［101］ 王斌．高速公路拼接段沉降变形特性及地基处理对策研究［D］．南京：河海大学，2004．

［102］ 钱家欢，殷宗泽．土工原理与计算［M］．北京：中国水利水电出版社，1996．

［103］ 折学森．软土地基沉降计算［M］．北京：人民交通出版社，1998．

［104］ 刘杰．刚性承台下柔性桩与地基相互作用的线性分析［J］．中国港湾建设，2002，12：29~32．

［105］ 董必昌，郑俊杰．CFG 桩复合地基沉降计算方法研究［J］．岩石力学与工程学报，2002，21（7）：1084~1086．

［106］ 张爱军，谢定义．复合地基三维数值分析［M］．北京：科学出版社，2004．

［107］ 徐泽中．公路软土地基路堤设计与施工关键技术［M］．北京：人民交通出版社，2007．

［108］ 黄绍铭，王迪民，等．按沉降量控制的复合桩基设计方法（上篇）［J］．工业建筑，1992，21（7）：34~36．

［109］ 黄绍铭，王迪民，等．按沉降量控制的复合桩基设计方法（下篇）［J］．工业建筑，1992，21（8）：41~44．

冶金工业出版社部分图书推荐

书　名	作　者	定价（元）
冶金建设工程	李慧民　主编	35.00
建筑工程经济与项目管理	李慧民　主编	28.00
土木工程安全管理教程（本科教材）	李慧民　主编	33.00
工程结构抗震（本科教材）	王社良　主编	45.00
现代建筑设备工程（第2版）（本科教材）	郑庆红　等编	59.00
混凝土及砌体结构（本科教材）	王社良　主编	41.00
地下建筑工程（本科教材）	门玉明　主编	45.00
建筑工程安全管理（本科教材）	蒋臻蔚　主编	30.00
工程经济学（本科教材）	徐　蓉　主编	30.00
工程地质学（本科教材）	张　荫　主编	32.00
工程造价管理（本科教材）	虞晓芬　主编	39.00
建筑施工技术（第2版）（国规教材）	王士川　主编	42.00
建筑结构（本科教材）	高向玲　编著	39.00
建设工程监理概论（本科教材）	杨会东　主编	33.00
土力学地基基础（本科教材）	韩晓雷　主编	36.00
建筑安装工程造价（本科教材）	肖作义　主编	45.00
高层建筑结构设计（第2版）（本科教材）	谭文辉　主编	39.00
土木工程施工组织（本科教材）	蒋红妍　主编	26.00
施工企业会计（第2版）（国规教材）	朱宾梅　主编	46.00
工程荷载与可靠度设计原理（本科教材）	郝圣旺　主编	28.00
流体力学及输配管网（本科教材）	马庆元　主编	49.00
土木工程概论（第2版）（本科教材）	胡长明　主编	32.00
土力学与基础工程（本科教材）	冯志焱　主编	28.00
建筑装饰工程概预算（本科教材）	卢成江　主编	32.00
建筑施工实训指南（本科教材）	韩玉文　主编	28.00
支挡结构设计（本科教材）	汪班桥　主编	30.00
建筑概论（本科教材）	张　亮　主编	35.00
SAP2000结构工程案例分析	陈昌宏　主编	25.00
理论力学（本科教材）	刘俊卿　主编	35.00
岩石力学（高职高专教材）	杨建中　主编	26.00
建筑设备（高职高专教材）	郑敏丽　主编	25.00
现行冶金工程施工标准汇编（上册）		248.00
现行冶金工程施工标准汇编（下册）		248.00